音视频解说

常见鸭鹅病

诊断与防治技术

傅光华　江　斌　程龙飞　主编

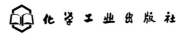

化学工业出版社

·北京·

内 容 提 要

本书详细介绍了鸭鹅病的资料收集与检查方法、鸭鹅病的预防、鸭鹅常见病的诊断与防治技术等内容。全书含有大量彩色高清图片，直观易懂，文字通俗简练，并对关键细节采用音视频的方式动态展现（手机扫书中二维码观看），直观地描述了这些疾病的临床表现、剖检特征、诊断要点、预防方法及治疗技术。本书适合兽医技术人员、养殖企业技术人员、鸭鹅专业养殖户和高校兽医专业师生阅读参考。

图书在版编目（CIP）数据

音视频解说常见鸭鹅病诊断与防治技术／傅光华，江斌，程龙飞主编 . —北京：化学工业出版社，2020.5
ISBN 978-7-122-35963-6

Ⅰ.①音… Ⅱ.①傅…②江…③程… Ⅲ.①鸭病-诊疗-图解②鹅病-诊疗-图解 Ⅳ.① S858.3-64

中国版本图书馆 CIP 数据核字（2020）第 046975 号

责任编辑：邵桂林 　　　　　　　文字编辑：郝芯绲　　陈小滔
责任校对：杜杏然 　　　　　　　装帧设计：史利平

出版发行：化学工业出版社
　　　　　（北京市东城区青年湖南街13号　邮政编码100011）
印　　　装：北京缤索印刷有限公司
850mm×1168mm　1/32　印张7　字数102千字
2020年7月北京第1版第1次印刷

购书咨询：010-64518888
售后服务：010-64518899
网　　址：http://www.cip.com.cn
凡购买本书，如有缺损质量问题，本社销售中心负责调换。

定　　价：55.00元　　　　　　　　　　　版权所有　违者必究

编写人员名单

主编

　　傅光华（福建省农业科学院畜牧兽医研究所）

　　江　斌（福建省农业科学院畜牧兽医研究所）

　　程龙飞（福建省农业科学院畜牧兽医研究所）

参编

　　黄　瑜（福建省农业科学院畜牧兽医研究所）

　　林　琳（福建省农业科学院畜牧兽医研究所）

　　刘友生（江西省吉安市禽病诊疗中心）

　　刘荣昌（福建省农业科学院畜牧兽医研究所）

　　万春和（福建省农业科学院畜牧兽医研究所）

　　钟　敏（江西省赣州市畜牧研究所）

　　施少华（福建省农业科学院畜牧兽医研究所）

　　傅秋玲（福建省农业科学院畜牧兽医研究所）

　　陈红梅（福建省农业科学院畜牧兽医研究所）

前言

　　水禽是一类包括鸭、鹅、鸿雁、灰雁等以水面为生活环境的禽类的统称，属于鸟纲雁形目。除了南极洲，世界各地均有它们的踪迹。我国江、河、湖泊、沼泽众多，为水禽的繁育和生长提供了良好的环境，而且自古以来就有驯养水禽的传统，是最早将水禽家养化的国家之一。家养水禽一般指的是鸭和鹅，由于其肉味鲜美、营养丰富而受到人们的欢迎。随着经济的发展和人民生活水平的提高，人们对鸭和鹅的肉产品、蛋产品、羽绒产品的需求量也越来越大。在过去的30年间，我国的水禽产业取得了巨大的进步，在品种、养殖技术、饲料、食品加工等方面均发展很快，肉鸭、蛋鸭和鹅的饲养量约占世界总量的70%。2018年，鸭肉和鹅肉的累计产量占我国肉类总产量的10%左右。

　　随着水禽饲养量的增加、饲养规模的扩大、饲养模式的多样化，以及引种、进出口贸易、禽苗交易、活禽交易等的日益频繁，水禽的疾病也在不断地发展变化，特别是新发传染病的流行，严重影响水禽产业的健康发展。自20世纪90年代中期以来，我国出现了12种新发传染病。其中国内新发的有鹅出血性坏死性肝炎、鸭病毒性肝炎、鸭脾坏死综合征、番鸭"新肝病";致病性改变而引起流行的有水禽禽流感、鹅新城疫、肉鸭心包积液综合征;国外新发现的有鸭传染性浆膜炎(其他血清型鸭疫里默氏杆菌引起)、番鸭"白点病"、2型和3型鸭病毒性肝炎、坦布苏病毒病、肉鸭短喙与侏儒综合征。新发传染病的不断出现,使水禽疾病的防控形势日趋严峻。为应对这些变化,我们编写了常见鸭鹅病的诊断与防治技术,以文字、图片、小视频等多种多样的形式,为养殖户、小型养殖企业、基层兽医工作人员、兽医专业的在校学生及愿意了解水禽疾病的人提供帮助和参考。

编写本书时,编者尽量使内容做到通俗易懂,为读者提供有价值的信息,但由于水平所限,难免出现疏漏或不足之处。在此,除向为本书提供素材、资料、支持本书编写的同仁们深表感谢外,还望各位前辈、各位同行和广大读者们对不妥之处给予指出,便于以后的修订或补充。

目 录

第3章
鸭鹅常见病的诊断与防治技术-050

鸭鹅病相关视频目录

编号	视频说明	二维码页码
视频3-11	禽坦布苏病毒病，后备鸭感染，扑杀后剖检可见卵泡出血，脾脏肿大、表面呈大理石样	115
视频3-12	传染性浆膜炎，病鸭运动障碍，共济失调	120
视频3-13	传染性浆膜炎，心包膜增厚，上有大量黄白色干酪样渗出物，心包膜与胸骨粘连	121
视频3-14	传染性浆膜炎，肝脏表面有一层灰白色纤维素性膜覆盖，可剥离	121
视频3-15	传染性浆膜炎，气囊膜增厚，不透明，表面有黄色较厚的干酪样渗出物沉积	121
视频3-16	禽霍乱，肝脏肿大，质地变脆，表面有大量针头大的灰白色坏死灶，心肌出血	133
视频3-17	沙门氏菌病，卵黄吸收不良，卵黄囊肿大、色黑、发硬	139
视频3-18	绦虫病，鸭肠道后段的绦虫	143
视频3-19	鸭球虫病，小肠肿胀，外观呈暗褐色	153
视频3-20	鹅球虫病，小肠肿胀，外观呈暗褐色，死亡鹅肛门口有黄褐色粪便黏附	155
视频3-21	痛风，病鸭关节肿胀，站立不稳，跛行	180
视频3-22	维生素A缺乏症，病鸭上下眼睑粘连	190
视频3-23	曲霉菌病，肺脏上有多个粟粒大、黄白色、质地稍硬的结节，肾脏表面也有一个霉菌结节	206

第1章
鸭鹅病的资料收集与检查方法

　　对鸭鹅病进行正确的诊断，才能制定合理有效的治疗措施，也才能为以后的预防提供科学依据。鸭鹅病的诊断类似于"案件侦破"，其过程其实就是一个寻找致病因素（罪犯）致病（作案）的遗留痕迹的过程，需要详细的临床资料、丰富的专业知识、严密的思考、合理的逻辑等，有时还需要治疗来验证诊断的正确与否，需要养殖户的密切配合。具体说，鸭鹅病的诊断包括现场资料的收集、临诊检查和实验室检查等。

1　现场资料的收集

　　现场资料包括养殖场与疾病相关的所有内容，这些资料是鸭鹅病正确诊断的基础。养殖户必须如实相告，出于任何目的的隐瞒，只会给鸭鹅病的诊断带来不利的影响。

1.1 品种

不同品种鸭和鹅的生长速度、遗传特点、对营养的要求、对外界刺激的反应、对不利环境的抵抗力等均有不同，对不同疾病的易感性也存在诸多不同。例如，番鸭对番鸭细小病毒病易感，而半番鸭只是偶尔发生，樱桃谷鸭、麻鸭等几乎不发病。自然条件下，只有番鸭和鹅发生小鹅瘟，其他品种鸭不发病。

1.2 性别

相同品种的水禽，性别不同，对不同疾病的易感性也可能存在差异。公水禽个体大、采食量大、生长快，对营养的需求更高，一旦饲料无法提供全面的营养，更易发生营养代谢类疾病。禽坦布苏病毒主要侵害卵巢，母鸭的发病率比公鸭高，发病也更加严重。

1.3　日龄

　　水禽出壳时，卵黄囊约占体重的13%，出壳后7天左右，卵黄基本吸收完全。卵黄中含有丰富的营养，吸收得好，可以非特异性地增强雏水禽的抵抗力。卵黄中也可能含有较高水平的针对某些疾病的母源抗体，吸收得好，可以抵抗特异性的疾病。卵黄中也有可能带有垂直传播的病原，如沙门氏菌等，雏水禽会发生早期感染。这些是水禽的生理特点，了解后有助于水禽疾病的诊断。小日龄水禽，由于个体小、体液的缓冲能力较差，对大部分外界不利环境的抵抗力比大日龄水禽差。同样的疾病，多数情况下，小日龄水禽发病更严重。不同的疾病，往往发生于特定日龄段的水禽，例如，鹅副黏病毒病多发生于15～60日龄的鹅；禽霍乱多见于正在产蛋的麻鸭或中大肉鸭。

1.4　水禽的来源

　　与鸡相比，水禽的孵化较难，小日龄水禽的饲养更难。对中小规模的水禽饲养场来说，采购的多是刚出壳水禽苗或小日龄水禽苗，其质量好坏与后期的健康状况密切相关。应当尽可能多地了解种蛋的来源、孵化场的卫生状况、孵化场的信誉、种水禽的免疫接种信息等。如果是购入较大日龄水禽，应当了解购入地是否发生过重要疫情、水禽已接种哪些疫苗等详细信息。

1.5　发病经过

发病经过包括疾病的主要表现、传播速度的快慢、发病率、死亡率、病程长短、对生产性能的影响等。疾病的主要表现，呼吸道症状主要表现为呼吸困难如气喘、咳嗽、张口呼吸等；消化道症状主要表现为各种各样的腹泻，如传染性浆膜炎病鸭或病鹅排出黏稠的奶油状粪便；神经症状主要表现为运动障碍，如站立不稳、原地转圈、后退、头颈震颤等。不同的疾病，其传播的速度不一样，短时间内迅速传播的往往是急性传染病或中毒病，而营养缺乏类的疾病，往往是一个渐进发展的过程。

1.6　饲料和饮水

俗话说病从口入，饲料的清洁、营养的全面、饮水的洁净都是非常重要的。出于不同目的，人工选育出来的水禽品种，有的生长发育速度较快，有的产蛋率高。不同品种在不同时期对饲料的要求是不一样的，只有提供适宜的饲料，才能让其发挥最佳的生产性能，反之不仅影响生产性能，还有可能发生营养代谢类的疾病，甚至使水禽对其他疾病的易感性增高。饲料的贮存也很重要，不恰当的贮存方式会造成不良的后果，如饲料品质下降，严重的引起饲料霉变，进而引起霉菌病或霉菌毒素中毒等。饮水不仅要关注其水质卫生如是否含有致病菌等，还应关注其质量，如是否含有对水禽不利的过多微量元素等。装水的容器也应关注，是否洗刷干净，与地面的接触面是否因长期未清理而导致霉菌生长等。

1.7　饲养管理

应当了解水禽养殖地的选址、水禽场的构造、卫生状况、饲养的密度、饲养的模式、消毒设施及落实情况、发病水禽的隔离方式、病死水禽的处理方式等。水禽舍的建筑结构、地理位置、采光、通风设施等条件与某些疾病有一定的联系。通风不良、潮湿的屋舍易引起大肠杆菌病或支原体病，夏秋炎热季节通风不良的屋舍易发生中暑，错误的烧煤取暖方式可能引起一氧化碳中毒。饲养密度过大，不仅使水禽产生的应激反应大，还容易引起球虫病、曲霉菌病等。全进全出的饲养模式加上适当的空栏时间，对水禽疾病的预防能起到事半功倍的效果。相反，各种不同日龄段的水禽混合饲养，不利于水禽疾病的预防。地面散养的模式，绦虫病等相对多发；地面平养的水禽，密度相对大，球虫病、曲霉菌病等多发；笼养、网上平养等方式，由于运动限制，营养代谢病的发生概率相对大些。了解水禽场消毒设施的配备、消毒措施的落实情况、病水禽的隔离、病死水禽的处理等情况，有助于分析疫情。

1.8 疫苗接种情况

应当了解水禽场的疫苗免疫接种程序、实际疫苗接种的种类（活疫苗或灭活疫苗）、剂型（油佐剂疫苗、冻干苗或湿苗等）、接种方法（皮下注射或肌内注射）等，必要时应当监测疫苗的免疫效果，这些对传染病疫情的分析大有帮助。

1.9　药物应用情况

应当了解水禽场平时是否添加了预防性的用药、其品名和剂量，发病后用何种药物、何种给药方式进行了治疗，治疗后的效果等，这些可以为疾病的诊断提供有价值的参考。

1.10　既往病史

水禽疾病治疗后，都会或多或少遗留一些症状或病变，存在的时间或长或短。某些疾病治愈后，在一段时间内容易复发；部分疾病，常伴发或继发于其他疾病。对既往病史的了解与分析，也是收集现场资料时不可忽略的一个环节。

2　临诊检查

临诊检查是确保诊断正确的重要步骤，包括群体检查、个体检查和病理剖检三个方面。

2.1 群体检查

群体检查的内容包括水禽群的采食量变化、饮水量变化、精神状况、运动状态、呼吸行为、粪便检查等。正常水禽站立有神、羽毛有光泽且紧贴身躯、行动敏捷、对外界的刺激比较敏感。精神萎靡、缩颈垂翅、闭目呆立、离群独处、食欲不振、不愿下水的，常见于某些急性热性传染病如禽霍乱、禽流感等；精神差、羽毛粗糙无光泽、行走缓慢、消瘦、采食量少的，常见于慢性传染病、寄生虫病和某些营养代谢病。特征性的运动异常往往能提示某些疾病，如头颈向前垂伸，脚软弱无力，常提示肉毒素中毒；60日龄以下的鸭，后躯下坐，头颈震颤，常提示鸭传染性浆膜炎；20日龄以下的鸭，死亡时大多表现角弓反张的，提示病毒性肝炎。呼吸行为的异常有气喘、张口呼吸、咳嗽、呼吸困难、甩头（喉头有黏液引起）、呼吸时有啰音等，往往提示细菌性、病毒性感染如禽霍乱、番鸭细小病毒病等。腹泻是最常见的粪便异常情况，往往提示细菌感染、病毒感染、营养代谢病或中毒病；粪便中混有红色血液，提示消化道后段的出血，混有黑色血液，提示消化道前段的出血；粪便稀薄呈石灰水样，多见于痛风等。

2.2　个体检查

个体检查是将疑似发病的个体挑出来，单独检查的方法。除了与群体检查的相同内容外，还应着重检查以下内容或部位：叫声、体重、腹围、羽毛、眼部、口腔和鼻腔、脚、肛门和泄殖腔等。

健康水禽叫声洪亮，若叫声微弱往往提示病情较重，预后不良。体重显著减轻，往往提示病程较长，常见于慢性病或寄生虫病。腹围如果异常增大，应考虑是否有腹水或肝脏异常肿大。羽毛主要检查有无体外或体表寄生虫。眼部检查的内容包括结膜的色泽、角膜、眼睛的分泌物等。口腔和鼻腔的检查内容包括是否有异常分泌物、异常增生、肿胀、溃疡，喙的色泽，口腔内黏膜的色泽。脚的检查内容包括脚的色泽，关节是否肿胀、变形等。肛门和泄殖腔的检查内容包括肛门是否突出、脱垂，有无外伤，是否有粪便堵塞等。

2.3　病理剖检

病理剖检是兽医临床上非常实用的一种诊断方法。通过剖检，发现各组织器官的一系列病理改变，结合现场资料的分析，可以做出疾病的初步诊断。

2.3.1　病理剖检的注意事项

剖检地点最好在实验室内进行，现场剖检时应远离水禽养殖场、远离水源地、用多层塑料布垫底避免污染，剖检后应将尸体做无害化处理，防止污染环境，防止病原微生物扩散。病死的、人为扑杀的个体，均可以进行剖检，但应注意死亡时间不能太长，否则会影响其真实病变，增加判断的难度。

2.3.2　病理剖检的方法

按由外及内的顺序，依次进行尸体外部、皮下、内脏、深层（如神经、脑等）的检查。尸体外部的检查，主要内容有：观察整体，判断营养状况；检查嗉囊，注意是否充满食物或饮水；检查体表，注意是否有外伤、肿胀、肿瘤、溃疡、增生、坏死、出血、瘀血和异常分泌物等。

用消毒水将羽毛充分浸湿，避免羽毛和粉尘飞扬，将尸体仰卧，切开腹壁和两侧大腿间的疏松皮肤，将尸体平稳放置。横向切开两侧大腿之间的皮肤，将皮肤向前、向后翻转剥离，充分暴露腹肌、胸肌，检查皮下组织、肌肉有无水肿、出血及肌肉变性、坏死等变化。在泄殖腔前方，横向切开肌肉，从腹壁两侧向前方剪断肌肉和骨骼，握住胸骨用力向前翻拉，去掉胸骨，露出胸腔和腹腔，观察内脏各实质器官，注意看位置是否正常；有无畸形或变形、颜色变化；有无肿胀、充血出血及渗出等变化；有无胸水、腹水，如果有，注意其大致体积、颜色和气味。检查气囊，注意其是否透明，有无渗出物沉淀，有无结节等。将各脏器分离出来，逐一检查。检查心包是否与胸骨粘连，心包膜是否增厚；心包内是否有积液，如果有，注意其体积、颜色和黏稠度等；剥开心包膜，检查心脏表面有无出血、肿块、坏死、肿瘤等。检查肝脏和脾脏的大小、色泽、质地有无变化，表面有无出血点、溃疡、坏死点、结节、肿瘤及白色肉芽肿等。剪断食道末端，将腺胃、肌胃、小肠、胰腺和大肠一同取出，并依次剪开，观察腺胃乳头有无出血、肿胀、溃疡、包块、渗出等；撕去肌胃角质层，观察肌胃有无出血、肿胀、溃疡等；观察十二指肠黏膜有无出血，小肠淋巴滤泡有无肿胀、出血，肠内容物的颜色、性状、是否有异物；观察盲肠内容物的颜色及性状，观察盲肠扁桃体有无出血、肿胀、溃疡等；观察直肠黏膜有无出血；观察胰腺的色泽、硬度，有无出血、溃疡、坏死等。检查法氏囊的颜色及大小，必要时剪开观察其黏膜面，检查有无出血、肿胀等变化。检查卵巢或睾丸，观察有无变性、出血、坏死、萎缩、肿瘤等变化。肺脏和肾脏的检查大多在原位进行，必要时将其剥离检查，观察色泽、大小以及有无出血、坏死、结节、渗出等变化。从两鼻孔上方横向剪断上喙部，断面可露出鼻腔和鼻甲骨，轻压鼻部检查有无内容物及其性状。打开口腔，沿食道剪开，暴露气管，检查食道有无假膜覆盖、溃疡等变化。剪开气管，观察有无异物、渗出物、出血块及黏膜面的变化。取出脑，观察有无出血、充血或坏死。剥离肾脏，检查两侧坐骨神经的粗细是否均匀、横纹是否清晰，有无肿瘤、水肿或出血等变化（视频1-1）。

视频1-1

（扫码观看：剖检方法）

3 实验室检查

借助实验室特有的仪器、设备、方法等，可以进行特定病原微生物的检测、免疫学指标的测定、饲料成分分析、特定的毒物检验等。这些数据可以为水禽疾病的确诊提供证据或重要的参考，但是切记，千万不能仅仅凭实验室检查的结果轻易下结论。这一小节我们将简单介绍一下实验室检查的方法，这些方法对样品的要求，以及样品的采集方法等。

3.1 寄生虫学检查

寄生虫包括体表寄生虫和体内寄生虫。实验室检查的内容主要是借助各种方法或设备，检出特征性的虫体、虫卵或卵囊等。

3.1.1 体表寄生虫的检查

蜱、虱等个体较大，肉眼就能发现，只要能在体表找到大量的寄生虫即可确诊。螨的个体比较小，某些种类肉眼较难发现，应刮取皮屑，置显微镜下寻找虫体或虫卵。取皮屑时，应剪去患部羽毛，使刀刃与皮肤表面垂直，轻轻刮取皮屑，将刮下的皮屑集中于培养皿或试管内做进一步检查。

3.1.2 体内寄生虫的检查

（1）粪便直接检查

蛔虫、绦虫或绦虫的节片等可随粪便排出体外，采集粪便或肠道内容物，加少量水，摊开在白色的搪瓷盘中，肉眼即可观察到较大的虫体。将粪便加水轻轻搅匀，略沉淀后倒去上层水，如此洗3～4次，将沉淀物摊开在白色的搪瓷盘中，肉眼观察或借助放大镜，仔细寻找较小的虫体。

对绦虫的种类进行鉴定时，应取下整段肠管并剖开，置于搪瓷盘中，加入清水，以没过整个肠道为宜，静置4～6小时，待绦虫头节自动脱离肠管后取出整条虫体。

（2）虫卵的检查

沉淀法：采集粪便或肠道内容物，加10倍量的水，搅匀，用双层纱布过滤，滤液静置20分钟后，小心倒去大部分上清，吸少量沉淀，借助显微镜观察虫卵，多用于检查吸虫的虫卵。

饱和盐水漂浮法：采集粪便或肠道内容物，加10倍量的饱和盐水，搅匀，用双层纱布过滤，滤液静置30分钟后，吸少量液面的液体，借助显微镜观察虫卵，多用于检查球虫的卵囊。

（3）血液寄生虫的检查

采静脉血1滴（一般在翅静脉采血），滴于载玻片上，制成血片，固定、染色，然后在显微镜下观察，多用于检查住白细胞虫。

3.2　细菌学检验

常见的致病菌有鸭疫里默氏杆菌、沙门氏菌、大肠杆菌、多杀性巴氏杆菌、葡萄球菌等。实验室细菌学检验包括免疫学检验和细菌的分离鉴定。免疫学检验要求采集全血或血清。全血的采集，用量少且现场用的，刺破翅静脉采集即可；需要抗凝的，用一次性注射器从翅静脉采集后注入含有抗凝剂的采血管中，冷藏（不可冷冻）保存后送检。血清的采集，可用真空采血管或一次性注射器，从翅静脉（或颈静脉）采集1～2毫升血液，立即将采血管或注射器斜置，常温放置10小时左右，血液凝固后会析出淡黄色的液体即为血清，倒出即可；有条件的离心后吸取上层液体，冷藏或冷冻保存后送样。

细菌的分离鉴定，首先应根据怀疑的病原菌所属种类，选择含菌量多的组织脏器、合适的培养基和培养方法，分离出单一的细菌，再依据菌落形态、染色特性、生化试验、特异性片段的聚合酶链式反应（PCR）扩增等鉴定细菌的种，必要时依据血清学特征鉴定其血清型、动物回归试验确定细菌的致病性等，接下来利用纸片法或微量稀释法测定细菌对药物的敏感性，为疾病的诊断、药物的选择提供理论依据。细菌学检验对病料的采集要求较高，不能有外界的细菌污染，送样时，可以将发病严重的、濒死的或死亡不久的鸭、鹅整只送检。

3.3　支原体的检验

支原体病主要指的是败血支原体和滑膜支原体引起的疾病。实验室检验的方法有血清学检查和病原的分离鉴定。血清的采集方法参见细菌学检验。支原体培养对营养的要求较苛刻，培养时间长，对采集时间、采集部位等的要求也较高，送样时，尽量将发病严重的、濒死的或死亡不久的鸭、鹅整只送检。

3.4　病毒学检验

实验室病毒学检验，包括血清学检验、病毒的分离鉴定和病毒核酸的检测等。血清学检验常用的方法有红细胞凝集试验、血凝抑制试验、中和试验、琼脂扩散试验、平板凝集试验、荧光抗体诊断技术和酶联免疫吸附试验等。血清的采集方法参见细菌学检验。病毒分离的方法主要有胚接种分离法和组织细胞接种分离法。病毒核酸的检测大多采用的是PCR或逆转录-聚合酶链式反应（RT-PCR）法。由于活疫苗的应用，可能分离到疫苗毒株，也可能检测到疫苗毒的核酸，从而干扰疾病的诊断，所以病毒分离鉴定的结果和病毒核酸检测的结果，应与现场资料、临诊检查等结合，综合判断。用于病毒分离鉴定或核酸检测的病料，对采集时间、采集部位等的要求也较高，送样时，尽量将发病严重的、濒死的或死亡不久的鸭、鹅整只送检。

3.5　饲料成分分析

如果怀疑是由于饲料引起的营养代谢类疾病，则有必要对饲料的成分进行分析。将饲料送样到特定的实验室，检测其能量、蛋白质、氨基酸、维生素及矿物质等的含量，再与相应品种、日龄鸭或鹅的营养要求作比较，为调整饲料配方提供依据。

3.6 特定的毒物检验

　　某些中毒性疾病如黄曲霉菌毒素中毒等的检验，可以将饲料、饮水、胃肠内容物、血液等送至专门的实验室进行检测，为中毒病的诊断提供证据。

第2章

鸭鹅病的预防

鸭鹅病防治的原则是"预防为主、养防结合、防重于治"。采取各种有效的综合性预防措施，是防止鸭病、鹅病发生的根本。综合性预防措施具体内容包括：建立健全鸭场、鹅场的生物安全措施，引进健康不带菌的鸭苗和鹅苗，规范的饲养管理措施，科学的疫苗免疫程序及免疫抗体监测，必要的药物预防保健计划等。只有做好综合性预防措施，才能使鸭群、鹅群不发病或少发病。

1 鸭场和鹅场的生物安全措施

1.1 鸭场和鹅场的选址

规范的鸭场和鹅场应建设在可养区内，交通相对便利，通风良好，供电有保障，水源充足且水质良好，地势高燥平坦或略带缓坡，与交通干道、其他畜禽养殖场、屠宰场、居民区、交易市场的距离要求在500米以上。实施放养的鸭场或鹅场，选址还要考虑配备一定面积可供鸭或鹅活动的水域。一般应建在无污染的河流、沟渠、水塘或湖泊边上，水面尽量宽阔，以缓慢流动的活水为宜，但不能对人畜饮水造成污染（不能建在饮水源头附近）。如果没有天然水域，也可人工挖掘1米深的水池，每1000只鸭应配置30平方米以上活动水域面积，每1000只鹅应配备80平方米以上的活动水域面积。鹅是食草动物，放牧的鹅场最好选址在有天然牧草的地方。此外，鸭场和鹅场选址应该避开候鸟主要迁徙路线的栖息地，有条件的地方可以实施分区块轮流放养。养殖场位于相对偏僻的地方，与外界形成天然的隔离屏障，是防御鸭、鹅传染病的第一道防线。

1.2　鸭场和鹅场的建设

不同品种、不同饲养模式、不同饲养规模的养殖场建设有所不同。规模较大的养鸭场和养鹅场需设置生活区、办公区、生产区。各区之间要有明确的界限，并保持一定距离，其中生活区与生产区要保持200米以上的距离。在生产区内要划分育雏、育成、育肥等若干个相对独立的饲养单元，每个单元之间要设立一定的隔离设施。舍内饲养还要配备网上饲养（塑料网床、钢丝网床或竹网床）设施。此外，养殖场中还要配备兽医室、隔离舍、储粪池或粪污水处理设施等，这些设施应建立在养殖区的下风处。人员通道、饲料道与粪污道、运禽道要分道而行，即净道与污道分开，避免交叉污染。在养殖场中还应配备相应的消毒设施、通风降温和取暖保温设施、无害化处理设施、防鸟设施等。规模较小的养殖场也要建设有相应的育雏舍、育成舍、育肥舍以及饲料间、兽医室、粪污处理间、保温与通风等设施。

1.3　卫生消毒工作

1.3.1　消毒剂的种类

目前兽药店内销售的消毒药品品种繁多，大致可分为如下几类：酚类（如复合酚），醇类（如酒精），碱类（如氢氧化钠、氧化钙），卤素类（如含氯石灰、碘酊、聚维酮碘），氧化剂类（如过氧乙酸、高锰酸钾），季铵盐类（如癸甲溴铵），挥发性烷化剂类（如甲醛、戊二醛），表面活性剂类（如苯扎溴铵）。不同的场所、不同的饲养条件要因地制宜地选择好相应的消毒剂。

1.3.2 消毒类型

① 紫外线照射消毒：在进入生产区的门口更衣间内应安装紫外线灯，进出人员在更衣的同时进行5分钟的紫外线照射消毒。

② 饮水消毒：若鸭、鹅场的饮用水采用河水、山泉水或井水，则要进行饮水消毒，每1000升水添加2～4克的含氯石灰（漂白粉）。对于发生疫病时的饮水消毒除了使用漂白粉之外，还可以用其他类型的消毒水（如季铵盐类）。

③ 熏蒸消毒：对于育雏室、种蛋室以及密闭的房屋和仓库均可使用熏蒸消毒。具体做法是每立方米容积的房舍需要40%甲醛（福尔马林）25毫升、水12.5毫升、高锰酸钾25克，并按上述顺序逐一添加（注意：不能先加高锰酸钾后加福尔马林，否则会发生爆炸等意外事故）。添加高锰酸钾粉后，人员要迅速离开

消毒房间，并关闭窗门10个小时以上才有效果。此外，也可以直接采用甲醛或过氧乙酸消毒水进行加热熏蒸消毒。

④ 污染场所的消毒：污染场所首先采用清水把场所冲洗干净后再用各种消毒药进行消毒。若使用氢氧化钠等腐蚀性较强的消毒药，消毒后还要用清水再冲洗1～2遍，以免对人和鸭、鹅的皮肤造成腐蚀性伤害。

⑤ 喷雾消毒：用季铵盐类、戊二醛或络合碘的消毒水按说明浓度定期对鸭群和鹅群或进入养殖场的工作人员进行喷雾消毒。养殖场的喷雾消毒时间应避开寒冷天气，而选在天气良好时消毒。

⑥ 门口消毒池及周围场所消毒：可选用复合酚或氧化钙等进行消毒，每周1～2次。

⑦ 职工洗手及蛋筐消毒：用季铵盐类、苯扎溴铵等消毒水按规定比例配制后进行消毒。一方面对皮肤刺激性小，另一方面无明显的臭味。

⑧ 种蛋的消毒：种蛋的消毒除了可用甲醛进行熏蒸消毒外，还可选用复合酚或癸甲溴铵按比例稀释后进行喷雾消毒，也可选用表面活性剂类消毒药按比例稀释后进行浸泡消毒，待消毒水拭干后再入孵。

1.3.3 鸭场、鹅场的卫生消毒制度

① 鸭场、鹅场门口要设独立的消毒池，池内消毒水要定期添加或更换。饲养员和兽医管理人员进出鸭场、鹅场时要更换工作衣、鞋、帽，并进行相应的洗涤和消毒。不同栋的饲养人员不要相互走动，严格控制外来人员进出养殖场。车辆进场需经门口消毒池消毒处理，车身和底盘等要进行高压喷雾消毒。

② 鸭场、鹅场在全进全出前后都要进行冲洗和消毒工作，在平时饲养过程中还要定期地进行禽舍消毒，在天气暖和时可以进行带禽消毒。饮用水若采用井水、山泉水或河水，还要在水中添加含氯石灰进行消毒处理。育雏舍、孵化舍、仓库等要进行熏蒸消毒。装禽袋子、周转蛋架或蛋筐等都要经特定的消毒后才能使用。

③ 鸭场、鹅场中若发现病死鸭、鹅时要及时通知兽医人员进行检验。经兽医人员检查、登记后，病死鸭、鹅要进行无害化处理（如高压灭菌或在远离养殖场的某个特定地方进行深埋、消毒处理），不能随便乱丢。怀疑是烈性传染病的要立即停止解剖，做好场地消毒工作，并立即上报有关部门进行处理。

1.4　隔离措施

1.4.1　人员隔离措施

为防止病原微生物交叉感染，应禁止外人进入鸭场、鹅场（包括参观或购鸭、鹅、蛋的人员）。本场的工作人员不允许随意进出养殖场，进生产区工作时，要穿戴工作服、雨鞋，并接受相应的消毒处理，不同栋的工作人员不能相互走动。

1.4.2　物品、车辆进出管理

进入鸭场、鹅场的车辆及装鸭、鹅的袋子、笼子、蛋筐以及周转箱都要严格消毒后才能放行。

1.4.3　禁止混养其他动物

在鸭、鹅场内绝对禁止饲养鸡、狗、猫等动物，鸭与鹅也不能混养，也不能到外购买任何禽类产品（包括活禽）。

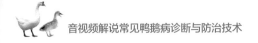

1.4.4　做好灭鼠杀虫工作

在养殖场内定期开展灭鼠工作，定期采用氰戊菊酯或溴氰菊酯等杀灭蚊虫，防治鼠类和昆虫传播传染病。

1.4.5　隔离淘汰病禽

饲养员和兽医人员要经常观察鸭群和鹅群，及时发现病禽和死禽，通过兽医人员诊断后采取相应的治疗或其他相应措施。

1.4.6　不同批次要分开饲养

为防止交叉感染，不同批次鸭、鹅要分开饲养，每栋间隔15～20米，严格禁止不同批次鸭、鹅之间的相互跑动，相应的用具也要分开使用。

1.5　粪便及垫料处理

小规模养殖场的粪便可以直接或经堆积发酵后用作农作物肥料，中大型养殖场的粪便要经过烘干或塔式发酵罐发酵处理后用作有机肥，同时要配备专门的污道或传送带进行传送，与净道保持一定的距离，防止二次污染。在采用平养时需使用大量的垫料（如谷壳、木屑、稻草等），在一个生产周期结束后，要及时清除这些垫料，可采用堆存或直接返田或焚烧等处理措施。

1.6　病死鸭、鹅的无害化处理

每个鸭群和鹅群都或多或少存在病死鸭、鹅，若处理不当不仅会污染环境（产生腐败和臭气），同时还会造成疾病的传播和蔓延。常见的处理方法有土埋法、高温处理法、化尸池或专门设备处理等，每个养殖场要因地制宜选择相应的方法进行处理。

2　健康鸭、鹅苗的引进

2.1　供应商认定

要依据不同鸭场、鹅场所需要的品种，选择相应的种苗供应商，要求种苗品种纯正、生产性能好、抗病力强，无母体带菌。同时要求供应商信誉良好，具备《种畜禽生产经营许可证》和《动物防疫合格证》。

2.2　鸭、鹅苗的选择

雏苗的选择要"六看"。第一，看来源。要求雏苗来自信誉良好、有资质的供应商，种苗性能良好，符合所需品种的特征和特性，并有相应的检疫证明。第二，看出苗时间。选择按时出壳的雏苗，若是提前或推迟出壳的雏苗，说明胚胎发育不正常，这对种苗的后期生长和生产影响很大。第三，看肚脐。要求脐部柔软，卵黄吸收良好，脐部和肛门清洁。若有大肚脐或肛门不干净，表明该雏苗健康状况不佳。第四，看活力。健康的雏苗精神活泼，四处奔跑，叫声洪亮。用手握住颈部将其提起时，双脚能迅速有力地挣扎。将雏苗仰翻倒地时，其能迅速翻身站起来。在苗筐内，雏苗的头能抬得较高。第五，看绒毛。要求绒毛粗、干燥、有光泽。若绒毛太细、太稀、潮湿或毛发黏着，表明雏苗发育不良或体质较差。第六，看体态。雏苗不应有瞎眼、歪头、跛脚等外观问题，应站立有神、平稳，体重适中。

3　规范的饲养管理措施

3.1　鸭的饲养管理

3.1.1　雏鸭的饲养管理

① 温度：雏鸭的生长发育与温度有密切的关系。一般来说，1～3日龄要保持33～35℃，以后每天降0.5℃。在不同气候季节，保温时间长短有所不同，在冬天要多保温几天（大约10～20天），在夏天则保温5～7天即可。不同品种的鸭保温时间也不同，如番鸭苗的保温时间要长，而其他品种鸭的保温时间可短些。保温的温度是否合适以雏鸭的活动状态进行适时调整。如果雏鸭在育雏室内分布均匀、精神活泼，则保温温度是适宜的；如果雏鸭集聚成堆、相互挤压、尖叫不停，则保温的温度是不够的；如果雏鸭表现不安、张口呼吸、远离热源，则表明保温的温度太高。保温的做法有电灯（红外线灯）保温、煤炭保温以及暖管保温等方法。

② 湿度：育雏前期，由于室内温度较高，水分蒸发快，此时舍内相对湿度要求高一些（保持在60%～70%）；如果湿度太低，易造成雏鸭脚趾干涸等轻度脱水症状。2周后相对湿度维持在50%～55%为宜。

③ 通风：由于早期育雏室内温度较高，雏鸭的粪便易发酵产生氨气，此外若用煤炭保温，易产生一氧化碳。这两种不良气体对雏鸭的呼吸道和生长发育都会造成不良影响，严重时还会导致雏鸭中毒死亡或诱发雏鸭产生呼吸道症状（如咳嗽）。所以在保温的同时要做好通风换气工作。

④ 密度：饲养密度太稀则保温的温度不易控制，密度太大易造成拥挤，甚至压死。一般来说1周龄内每平方米育雏室可放养15～20只；2周龄10～15只；3周龄以上5～7只。

⑤ 饮水、开食和洗浴：雏鸭出壳待毛干后，先饮水（在水中添加补液盐和恩诺沙星或氟苯尼考）后开食。如果要长途运输，则要保证雏鸭在途中有足够的氧气供给，还要防止雏鸭在运输过程中免受高温应激或受凉感冒，也要防止日晒雨淋。雏鸭饮水6个小时后即可喂食。喂食时，在塑料布上均匀地撒上鸭饲料或碎米，同时鸭用饮水器具要放在料槽边。放水和洗浴

的时间与品种有关，雏番鸭苗放水时间要到7～10日龄，而半番鸭和麻鸭则在3～4日龄即可放水和洗浴。

⑥ 雏鸭培育方式：可分为地面育雏和网上育雏两种方法。地面育雏是将雏鸭直接放在地面上饲养，此时地面要铺上清洁干燥的谷壳、木屑或短稻草，厚度为5～6厘米。网上育雏是将雏鸭放在网上饲养，用铁丝网和木条钉成架子，网距地面20～30厘米，每一格为3～4平方米，装100～150只雏鸭为宜。采用网上饲养，成本较高，但较卫生、干燥，雏鸭成活率高。

3.1.2 中鸭的饲养管理

中鸭期从3周龄开始到6～7周龄。从雏鸭到中鸭要有3～5天的过渡时期，饲料的配方也要逐渐过渡。在中鸭阶段，鸭舍可以简单一些，但需有防风、防雨的基本条件；舍内也要保持干净和干燥，冬天可铺一些稻草或谷壳；夏天可铺一些沙子。舍内、运动场和水面面积的比例以1∶1.5∶2为宜，可根据条件适当增加水上放牧。这个阶段对不同品种鸭的饲养要求是有所不同的。对后备蛋鸭来说，中鸭阶段要开始限制饲喂，若采食量大，易造成过肥、过早性成熟，影响以后产蛋性能。所以在这个阶段，以粗饲料为主，青绿饲料占饲料的5%左右，粗蛋白保持在14%，代谢能10.9兆焦/千克。对肉鸭来说，中鸭阶段不仅不能限制喂食，反而要提高采食量，饲料中粗蛋白保持在16%，能量在11.7兆焦/千克，保持这种饲养水平到大鸭出售。

3.1.3　产蛋鸭和种鸭的饲养管理

产蛋期可分为3个阶段：120～200日龄为产蛋早期（有些品种如番鸭、北京鸭200～240日龄为产蛋早期），201～350日龄为产蛋中期，351～500日龄为产蛋后期。不同阶段的饲养管理有所不同。

①产蛋早期：在产蛋早期的饲养管理重点是尽快把产蛋率推向高峰。在饲养过程中要根据产蛋率不同而不断地提高饲料质量、增加采食量，以满足产蛋营养需求。粗蛋白保持在18%～18.5%，代谢能保持在11.5兆焦/千克。对一般的产蛋麻鸭，日采食量为150～170克（冬天会增加一些）；肉用种鸭的采食量在250克左右。同时光照应逐步增加，达到每天光照17小时。在这一阶段，要特别注意是否有软壳蛋、粗壳蛋以及产蛋率低等问题出现，若有则要及时诊治。

②产蛋中期：这个阶段产蛋率已进入高峰，营养

上应保证需要，要求粗蛋白在18.5%～20%之间，采食量比产蛋早期略有增加，相应的蛋重也会增加。在管理上光照应稳定在17小时，应尽量减少各种不良应激（如打针、天气转变、转群、饲料突然改变以及其他各种应激因素），否则非常容易导致产蛋率下降。一旦产蛋率下降后，就不容易再上升到产蛋高峰。产蛋高峰期要特别强调稳定的饲养管理条件。

③ 产蛋后期：饲料管理基本同产蛋中期一样。可根据鸭的体重和产蛋量确定饲料的质量和饲喂量。若产蛋率有所下降时可适当地增加多种维生素或其他营养物质，若蛋重偏小时可增加一些蛋白质如豆粕或鱼粉。产蛋率下降到70%～75%以下时，可考虑淘汰或强制换羽停产。

3.2 鹅的饲养管理

3.2.1 雏鹅的饲养管理

雏鹅的育雏方式主要有垫草平养、网上平养、笼养等3种。小规模养殖场多采用垫草平养，而规范化、规模化养殖场多采用网上平养或笼养。20日龄内的雏鹅体温调节能力较差，要求做好保温措施。保温育雏方式有自温育雏（在保温室内盖上能通气的保温物，利用鹅自身产生热量进行保温），人工调节育雏（采用保温灯或保温伞等保暖措施），火炕式育雏（将雏鹅放在有垫草的火炕上保温）等多种方式。不同日龄鹅，其适宜环境温度和湿度也有所不同（表2-1）。雏鹅进入育雏室后，即可喂水，在水中可加入少量葡萄糖或多种维生素及氟苯尼考，水温控制在25～30℃。出壳24小时后即可开食，所用饲料为切碎的青料和精料混合，撒在干净的塑料布上，自由采食，每天8～10次，少喂勤添。青料要采用新鲜幼嫩的菜叶，并清洗和细切。7～10天后开始放水（若天气冷，要在室内或大棚内放水），把鹅苗放在浅水中活动2～3分钟，每天2～3次。20天后开始自由放牧或舍内正常圈养。在管理过程中要按个体大小、强弱进行分群管理，一般每群或每间以70～80只为宜。不同日龄鹅的饲养密度有所不同（表2-2）。20天后雏鹅采用放牧配合精饲料饲养或

表2-1　不同日龄鹅饲养环境温度和湿度

日龄	温度/℃	湿度/%
1～5日龄	29～27	60～65
6～10日龄	27～25	60～65
11～15日龄	25～22	65～70
16日龄以上	22～18	65～70

表2-2　不同日龄鹅的饲养密度

日龄	地面平养/（只/平方米）	网上饲养/（只/平方米）
1～5日龄	20～22	22～25
6～10日龄	15～18	16～20
11～15日龄	12～15	14～18
16～20日龄	8～12	10～15
4周龄	5～10	8～12
育肥期	4～5	5～6
产蛋期	2～3	2～3

采用全价配合饲料自由采食圈养。30天后转为中鹅期饲养管理。

3.2.2　中鹅的饲养管理

30～60天为中鹅期，饲养方式主要有放牧饲养、放牧与舍饲相结合、完全舍饲3种模式。其中以放牧与舍饲相结合模式较常见，这种饲养模式要求有足够大的草场供放牧，一般来说300只规模鹅群需要自然草地7公顷或人工草地3.5公顷，有条件的地区可实行分区轮牧，若放牧吃不饱，应及时给予适量补饲。若采用舍饲，则要喂全价配合饲料，要求代谢能11.29兆焦/千克、粗蛋白18.1%、粗纤维5%、钙1.6%、磷0.9%、氨基酸1%、蛋氨酸＋胱氨酸0.77%、食盐0.4%。中鹅在放牧过程中要避免雨淋或太阳暴晒，定期做好驱虫工作（主要是驱绦虫）。

3.2.3　育肥鹅的饲养管理

60 ～ 80天为育肥期，除了选留一部分作为后备种鹅外，其余的鹅经过20天的育肥后上市。饲养方式有放牧育肥和舍饲育肥。放牧育肥成本低，适合于有较多谷实类饲料的农区，主要利用谷物类作物茬口阶段（如大麦、小麦）喂鹅，若农作物不够，则需补充精料。舍饲育肥则全部饲喂全价饲料，参考配方是玉米40%、稻谷15%、麦麸19%、米糠10%、菜籽饼11%、鱼粉3.7%、骨粉1%、食盐0.3%。要求育肥舍安静、少光，同时限制活动，使其多休息、自由采食、饮水方便。

3.2.4　种鹅的饲养管理

（1）后备种鹅的饲养管理

从60天到产蛋或配种之间为后备种鹅期。在饲养管理上，早期（60 ～ 90天）继续保持中鹅阶段的饲料配方或饲养方式，保证其生长发育和第一次换羽。若是舍饲则要求饲料充足，喂料定时定量，每天喂3次。

到中期（91～150天）要注意调教合群，公母分开，限制饲养，防止过胖，防止后备母鹅产蛋过早。到后备晚期（151～180天）要加料促产，增加光照，并做好小鹅瘟等疫苗接种工作。

（2）产蛋鹅的饲养管理

该期以舍饲为主，放牧为辅，根据鹅的膘情来确定精料配方及采食量。一般配方是玉米44%、糠饼12%、青糠13%、麸皮4.5%、豆饼12%、菜籽饼5%、棉籽饼3%、骨粉1%、贝壳粉5%、食盐0.2%、氨基酸0.1%、微量元素0.2%、适量多种维生素。产蛋及配种期的种鹅，在放牧时要选择近距离且较平坦的地方，应缓慢驱赶，减少不良应激。此外要做好查蛋、配种、保温、补充光照、控制就巢及控制公母比例等管理工作。

（3）休产期鹅的饲养管理

由于繁殖生理及气候等因素，母鹅在南方一般在每年的4月份以后、在北方一般在9月份以后，会出现产蛋率逐渐降低、蛋变小、甚至出现产畸形蛋、公鹅的配种能力下降等现象，此时种鹅要停产进入休产期。休产期管理重点抓好制羽和拔羽等工作。制羽是通过控制喂料、喂以粗料、大幅度减少精料、以放牧为主来促使种鹅的翼羽和尾羽出现干枯，为拔羽做准备。

人工拔羽可以缩短换羽时间，拔羽后要加强管理和放牧，同时还要加强补饲，防止皮肤感染，减少应激，为下一个产蛋期和配种做准备。

4 疫苗免疫程序及免疫抗体监测

4.1 疫苗免疫程序

不同气候条件、不同地域、不同品种的鸭、鹅，其疫苗免疫程序有所不同。下面介绍1套番鸭、半番鸭、蛋鸭、种鸭、肉鹅、种鹅的疫苗免疫程序，仅供参考。

4.1.1 番鸭疫苗免疫程序

番鸭疫苗免疫程序见表2-3。

表2-3 番鸭疫苗免疫程序

日龄	疫苗名称	剂量	用法	备注
1	雏番鸭细小病毒病活疫苗、小鹅瘟活疫苗	1～2羽份	肌内注射	
	番鸭呼肠孤病毒病活疫苗			
2	鸭病毒性肝炎高免卵黄抗体	0.5～0.8毫升	肌内注射	选择使用

续表

日龄	疫苗名称	剂量	用法	备注
5	禽流感病毒（H5+H7）二价灭活疫苗	0.5毫升	肌内注射	
7	鸭传染性浆膜炎灭活疫苗	按说明剂量	肌内注射	选择使用
12	禽流感病毒（H5+H7）二价灭活疫苗	1毫升	肌内注射	
19	禽流感病毒（H5+H7）二价灭活疫苗	1毫升	肌内注射	
25	鸭瘟活疫苗	2羽份	肌内注射	
35	禽多杀性巴氏杆菌病活疫苗	1羽份	肌内注射	选择使用

4.1.2　半番鸭（骡鸭）疫苗免疫程序

半番鸭（骡鸭）疫苗免疫程序见表2-4。

表2-4　半番鸭（骡鸭）疫苗免疫程序

日龄	疫苗名称	剂量	用法	备注
2	鸭病毒性肝炎高免卵黄抗体	0.5～0.8毫升	肌内注射	选择使用
2	小鹅瘟高免卵黄抗体	0.5～0.6毫升	肌内注射	选择使用
5	禽流感病毒（H5+H7）二价灭活疫苗	0.5毫升	肌内注射	

续表

日龄	疫苗名称	剂量	用法	备注
7	鸭传染性浆膜炎灭活疫苗	按说明剂量	肌内注射	选择使用
12	禽流感病毒（H5+H7）二价灭活疫苗	1毫升	肌内注射	
19	禽流感病毒（H5+H7）二价灭活疫苗	1毫升	肌内注射	
25	鸭瘟活疫苗	2羽份	肌内注射	
35	禽多杀性巴氏杆菌病活疫苗	1羽份	肌内注射	选择使用

4.1.3　蛋鸭疫苗免疫程序

蛋鸭疫苗免疫程序见表2-5。

表2-5　蛋鸭疫苗免疫程序

日龄	疫苗名称	剂量	用法	备注
2	鸭病毒性肝炎高免卵黄抗体	0.5～0.8毫升	肌内注射	选择使用
7	鸭传染性浆膜炎灭活疫苗	按说明剂量	肌内注射	选择使用
20	禽流感病毒（H5+H7）二价灭活疫苗	0.8～1.0毫升	肌内注射	
25	鸭瘟活疫苗	2羽份	肌内注射	

续表

日龄	疫苗名称	剂量	用法	备注
30	禽多杀性巴氏杆菌病活疫苗	1羽份	肌内注射	选择使用
35	禽流感病毒（H5+H7）二价灭活疫苗	1毫升	肌内注射	
100	鸭坦布苏病毒病活疫苗或灭活疫苗	1羽份	肌内注射	
115	鸭瘟活疫苗	1～2羽份	肌内注射	
120	禽多杀性巴氏杆菌病活疫苗	1羽份	肌内注射	选择使用
125	禽流感病毒（H5+H7）二价灭活疫苗	1.5毫升	肌内注射	

4.1.4 种鸭疫苗免疫程序

种鸭疫苗免疫程序见表2-6。

表2-6 种鸭疫苗免疫程序

日龄	疫苗名称	剂量	用法	备注
2	鸭病毒性肝炎高免卵黄抗体	0.5～0.8毫升	肌内注射	选择使用
7	鸭传染性浆膜炎灭活疫苗	按说明剂量	肌内注射	选择使用
20	禽流感病毒（H5+H7）二价灭活疫苗	0.8～1.0毫升	肌内注射	

续表

日龄	疫苗名称	剂量	用法	备注
25	鸭瘟活疫苗	1~2羽份	肌内注射	
30	禽流感病毒（H5+H7）二价灭活疫苗	0.8~1.0毫升	肌内注射	
35	禽多杀性巴氏杆菌病活疫苗	1羽份	肌内注射	选择使用
100	鸭坦布苏病毒病活疫苗或灭活疫苗	1羽份	肌内注射	
115	鸭瘟活疫苗	2羽份	肌内注射	
120	禽多杀性巴氏杆菌病活疫苗	1羽份	肌内注射	选择使用
125	禽流感病毒（H5+H7）二价灭活疫苗	1.5毫升	肌内注射	
130	鸭病毒性肝炎活疫苗或灭活疫苗	按说明剂量	肌内注射	选择使用
160	鸭坦布苏病毒病活疫苗或灭活疫苗	1羽份	肌内注射	适用于种番鸭、北京鸭
180	禽流感病毒（H5+H7）二价灭活疫苗	1.5毫升	肌内注射	适用于种番鸭、北京鸭

4.1.5 肉鹅疫苗免疫程序

肉鹅疫苗免疫程序见表2-7。

表2-7 肉鹅疫苗免疫程序

日龄	疫苗名称	剂量	用法	备注
1	小鹅瘟活疫苗	1～2羽份	肌内或皮下注射	有接种过小鹅瘟活疫苗的种鹅所产小鹅，该苗要推迟至10日龄免疫
2～3	小鹅瘟高免卵黄抗体	0.5～0.8毫升	肌内注射	1日龄有注射过小鹅瘟活疫苗的，抗体或血清要推迟至10日龄注射
14	禽流感病毒（H5+H7）二价灭活疫苗	0.5～1.0毫升	肌内注射	
18	鹅副黏病毒病灭活疫苗	0.5～0.8毫升	肌内注射	选择使用
25	禽流感病毒（H5+H7）二价灭活疫苗	1.0～2.0毫升	肌内注射	
35	禽多杀性巴氏杆菌病活疫苗或灭活疫苗	1羽份	肌内注射	选择使用

4.1.6　种鹅疫苗免疫程序

种鹅疫苗免疫程序见表2-8。

表2-8　种鹅疫苗免疫程序

日龄	疫苗名称	剂量	用法	备注
1	小鹅瘟活疫苗	1～2羽份	肌内或皮下注射	有接种过小鹅瘟活疫苗的种鹅所产小鹅，该苗要推迟至10日龄免疫
2～3	小鹅瘟高免卵黄抗体	0.5～0.8毫升	肌内注射	1日龄有注射过小鹅瘟活疫苗的，抗体或血清要推迟至10日龄注射
14	禽流感病毒（H5+H7）二价灭活疫苗	0.5～1.0毫升	肌内注射	
18	鹅副黏病毒病灭活疫苗	0.5～0.8毫升	肌内注射	选择使用
25	禽流感病毒（H5+H7）二价灭活疫苗	1.0～2.0毫升	肌内注射	
35	禽多杀性巴氏杆菌病活疫苗或灭活疫苗	1羽份	肌内注射	选择使用
100	禽流感病毒（H5+H7）二价灭活疫苗	1.5～2.0毫升	肌内注射	
150	小鹅瘟活疫苗	2羽份	肌内注射	

续表

日龄	疫苗名称	剂量	用法	备注
160	鹅副黏病毒病灭活疫苗	1.0毫升	肌内注射	选择使用
165	禽多杀性巴氏杆菌病活疫苗或灭活疫苗	1羽份	肌内注射	选择使用
170	禽流感病毒（H5+H7）二价灭活疫苗	1.5～2.0毫升	肌内注射	
350	禽流感病毒（H5+H7）二价灭活疫苗	1.5～2.0毫升	肌内注射	

4.2　疫苗免疫抗体监测

疫苗免疫后是否有免疫保护作用，必须进行疫苗免疫抗体监测。目前在生产实践中比较常用的是H5亚型禽流感免疫抗体的监测。据实验，禽流感疫苗免疫后30～40天时抗体水平最高，此时抽血比较有代表性。试验方法采用血凝抑制试验（HI），当抗体水平≥$\log_2 6$（即1∶64）时，鸭群、鹅群有较好的免疫保护作用。所以规模化鸭、鹅养殖场每年定期进行禽流感免疫抗体监测（每年3～4次）是非常必要的，若发现抗体水平不达标时要及时给予免疫。

4.3　疫苗免疫注意事项

4.3.1　疫苗的选购与检查

要选购有国家正式批准文号的疫苗，并查看生产日期、有效期、疫苗说明书，检查疫苗的性状、是否密封以及是否有破损等。不能购入过期或变质的疫苗（如油苗出现分层）。

4.3.2　疫苗的运输与保存

疫苗要放在保温瓶或泡沫箱内冷藏保存运输，避免高温、阳光直射以及剧烈震荡。多数的冻干苗在−20℃冰箱保存，少数冻干苗（某些进口冻干活疫苗）要放在2～8℃冰箱保存。油苗、水剂灭活疫苗及某些卵黄抗体一般都在2～8℃冰箱保存，并防止结冻，否则会导致疫苗分层、结块而失效。

4.3.3　疫苗使用方法

要按照不同鸭、鹅场的免疫程序安排使用相应的疫苗，在使用之前要认真阅读疫苗使用说明书，采用相应的免疫方法和免疫途径。

4.3.4 其他注意事项

在进行疫苗免疫时，要了解鸭群、鹅群的状况。若鸭群、鹅群出现明显的咳嗽或腹泻以及其他明显病症时，要暂停或延期进行疫苗免疫，否则会加重病情。在疫苗免疫前后，可在饲料或饮水中添加一些多种维生素或维生素C可溶性粉，以提高鸭群、鹅群的抗应激能力。在接种细菌性活疫苗时（如禽多杀性巴氏杆菌病活疫苗），鸭群、鹅群在免疫前2天以及免疫后10天，禁止在饲料或饮水中添加任何抗生素或磺胺类药物，否则会导致疫苗免疫失效。灭活疫苗从冰箱取出后要放在室内回温1～2小时（或用温水回温）后注射，可以明显减少应激作用，活疫苗稀释后一般在2～3小时内用完。疫苗接种完毕后，剩余的液体、疫苗空瓶以及相关器械要用水煮沸处理，或拔下瓶塞后焚烧处理，防止疫苗污染场所。

4.4 紧急免疫

鸭场、鹅场除按照免疫程序做好相关疫苗免疫接种外，在发生疫情且得到确诊的情况下，可采用该病的疫苗（活疫苗或灭活疫苗）对受威胁的群体或假定健康群体进行紧急免疫，促使其尽快产生免疫力，从而达到控制疫情的作用。常用的紧急免疫疫苗有鸭瘟灭活疫苗、禽流感灭活疫苗等。需注意的是，在疫苗紧急免疫后2～5天内，鸭群、鹅群有可能会出现短期内发病率和死亡率增加的现象。

5 药物预防保健计划

根据鸭、鹅的不同阶段容易出现的问题选择性地给予一些药物进行预防，可大大地提高鸭、鹅的成活率、生长性能和产蛋性能。具体包括如下几个方面。

5.1 1～3日龄药物保健

在饮水中按说明用量添加多种维生素和恩诺沙星（或氟苯尼考）等药物，一方面可减少鸭苗、鹅苗运输应激反应，提高抵抗力；另一方面对大肠杆菌病、沙门氏菌病等也有一定的防治作用，提高育雏率。

5.2　10～80日龄药物保健

在这期间依不同的饲养条件可选择添加2～3个疗程的土霉素、多西环素或氟苯尼考等药物（按说明使用），可预防传染性浆膜炎、大肠杆菌病、沙门氏菌病、禽巴氏杆菌病等细菌性疾病。但要注意不同药物之间配伍禁忌及停药期。

5.3　产蛋期间药物保健

遇到天气转变、改换饲料以及其他的应激因素时可适当地多加一些多种维生素，以保持产蛋率的稳定。在冬春寒冷季节，可酌情添加一些抗病毒中药（如清瘟败毒散、黄连解毒散等）来预防病毒性疾病。

第3章
鸭鹅常见病的诊断与防治技术

1 禽流感

1.1 概述

禽流感是由正黏病毒科流感病毒属A型流感病毒引起的禽的一种疫病综合征。不同日龄、不同品种鸭和鹅（合称为家养水禽，简称水禽）均可感染发病。临床症状表现为无症状带毒的隐性感染、亚临床症状、轻度呼吸系统疾病、产蛋量下降或急性全身性高度致死性疫病等多种形式。该病已被世界动物卫生组织规定为A类传染病，我国也将其列为一类动物疫病，是危害养禽业的头号大敌。20世纪90年代末发现人类可感染禽流感，通过接触病禽以及病禽分泌物或排泄物污染的水、蛋箱、种蛋、垫草等，经消化道或呼吸道传播给人，感染后症状与普通的感冒相似，严重的会引起死亡。目前尚无人与人直接传播的确切证据。

1.2　流行病学

水禽和野生水禽如野鸭、海鸟等是该病毒的贮存宿主，感染禽或发病禽是重要的传染源。此外，感染禽或发病禽可向外排毒，其粪便及口腔黏液也是散播病毒的重要源头，可将病毒传播给其他健康家禽。此外，鹌鹑、鹦鹉等珍禽及迁徙鸟类在病毒的跨种传播及大范围散布中发挥重要作用。被病毒污染的水源、饲料、车辆设备以及禽类副产品等都会成为病毒的传染源。禽流感病毒的宿主范围十分广泛，包括野禽、家禽、珍禽、猪、马以及人。家禽中的鸡、火鸡、水禽是自然条件下最常受到感染的；野禽包括野鸭、海岸鸟、沙鸥、燕鸥和海鸟等；鹌鹑、雉鸡、鸽、鹧鸪、鹦鹉等珍禽也较易感。另外，还从燕八哥、石鸡、麻雀、乌鸦、寒鸦、燕子、苍鹭、加拿大鹅等鸟类中分离到流感病毒。水禽中不同日龄、不同品种、不同性别均可感染发病。该病可通过直接与病（死）禽接触感染，也可通过与带毒分泌物或排泄物污染的饲料、水、蛋托（箱）、垫料等接触而感染，还可通过气溶胶传播。没有证据表明，该病能垂直传播，但在蛋的表面和内部都检测到禽流感病毒的存在。该病多发于冬春季节，特别是鸟类迁徙时，经过的区域常常发生禽流感疫情。

1.3 临床表现

不同的禽流感病毒毒株，致病力差异很大。水禽感染后表现的临床症状与病毒的毒力有关，也与日龄、饲养管理水平、营养状况、有无并发或继发感染、应激等有关。临床上可以将其分为典型禽流感和非典型禽流感两种。

典型禽流感由H5、H7等亚型中的高致病力毒株引起，最急性病例往往无先兆症状而突然死亡；急性病例发病突然，饲料和饮水量急剧下降，发病率高达100%，病死率为30%～95%不等，体温明显升高，精神萎靡，表现神经症状如头部姿势异常（图3-1）、仰翻（图3-2）、运动失调（视频3-1）等、呼吸困难（张口呼吸或喘气），有时可见头部和脸部水肿、角膜混浊（视频3-2）、结膜炎（图3-3）、流眼泪，腹泻。

视频3-1

（扫码观看：禽流感，发病鸭的
神经症状，表现站立不稳，运动
失调，转圈圈，头部震颤等）

视频3-2

（扫码观看：禽流感，
发病鸭角膜混浊）

图3-1　病鸭的神经症状，表现头部姿势异常，
脚向后伸，站立困难（黄瑜 供图）

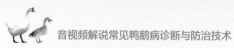

图3-2　病鸭无法站立，仰翻（黄瑜 供图）

图3-3　病鸭结膜炎、眼睛发红（黄瑜 供图）

非典型禽流感由中等毒力以下毒株引起，以呼吸道症状如咳嗽、啰音、打喷嚏、伸颈张口和鼻窦肿胀为主，发病缓和。产蛋水禽发病后，产蛋率急剧下降，严重者从95%降至10%左右，甚至停产，蛋的品质下降，可见软壳蛋、粗壳蛋、薄壳蛋、无壳蛋或畸形蛋等。开产水禽发病后无产蛋高峰，或持续低产蛋率，一般无死亡。

1.4　剖检变化

病死水禽剖检病变主要为组织脏器出血或坏死，具体表现为：气管、支气管和肺脏出血或积血；心冠脂肪出血（图3-4），心肌表面见条纹样坏死（图3-5、视频3-3），心包炎，偶见心包积液；肝脏肿大、瘀血或出血（图3-6）；胰腺表面大量针尖大小的白色坏死点或透明样、液化样坏死点、坏死灶（图3-7、视频3-4）；腺胃黏膜局灶性溃疡；肠道（十二指肠、空肠、直肠等）黏膜出血，偶见出血环；脑膜出血，脑组织局灶性坏死以及脾脏、肾脏肿大、瘀血或出血；卵泡充血、出血（图3-8），甚至破裂于腹腔中，后期萎缩。

视频3-3

（扫码观看：禽流感，
死亡鸭心肌的白色
条纹状坏死）

视频3-4

（扫码观看：禽流感，
死亡鸭胰腺上非常多的
液化样坏死灶）

图3-4　心冠脂肪出血（黄瑜 供图）

图3-5　心肌的白色条纹状坏死（程龙飞 供图）

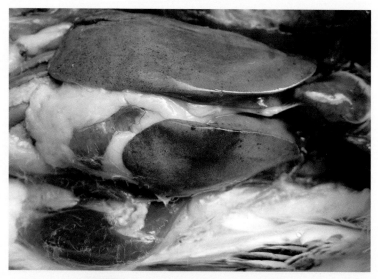

图3-6　肝脏肿大、出血（黄瑜 供图）

图3-7 胰腺表面大量的液化样坏死灶（程龙飞 供图）

图3-8 卵泡充血、出血（黄瑜 供图）

1.5　诊断

根据该病的特征性临床症状和剖检病变，结合流行病学特点，一般较易做出初诊。需确诊时要进行病毒的分离鉴定（必须在国家规定的生物安全三级实验室内进行），或参考国家标准《高致病性禽流感诊断技术》（GB/T 18936—2003）或农业标准《禽流感病毒RT-PCR检测方法》（NY/T 772—2013）进行病毒的检测。临诊中与禽1型副黏病毒强毒株感染、病毒性肝炎等有某些相似的表现，可根据各自的临床特点及实验室检测结果加以区别。

1.6　防治

灭活疫苗具有良好的免疫保护性，是预防本病的主要措施、关键环节和最后防线。建议鸭的免疫程序为：5～15日龄首免（剂量0.3～0.5毫升/羽）、40～55日龄二免（剂量0.5～1.0毫升/羽）、开产前10～15天三免（剂量1.0～1.5毫升/羽）、产蛋中期四免（剂量同三免）。鹅的免疫程序与鸭相似，但剂量需适当加大。

世界动物卫生组织已将高致病性禽流感归为必须报告的动物疫病，我国也将该病列入一类动物疫病。一旦发生疑似高致病性禽流感疫情，应按要求上报农业部门，按有关预案和防治技术规范要求，依法防控，做好疫情的处置工作。

发生低致病性禽流感，应采取紧急免疫治疗，同时加强消毒工作，改善饲养管理，防止继发感染等综合措施。可以选择一些抗病毒的药物或多种清热解毒、止咳平喘的中草药或中成药来辅助治疗，必要时应用抗生素控制继发感染。

2　禽1型副黏病毒病

2.1　概述

禽1型副黏病毒即新城疫病毒，是引起鸡新城疫的病原。以往的认识，水禽是新城疫病毒的贮存宿主，水禽感染后不发病，携带病毒且排毒，是重要的传染源。1997年以来，禽1型副黏病毒引起鹅发病死亡且在我国流行，之后又有鸭感染发病的报道，这提示水禽不再仅仅是禽 1 型副黏病毒的贮存宿主。该病已成为危害我国水禽养殖业的重要传染病之一。

2.2　流行病学

发病水禽是主要的传染源，通过粪便及口腔黏液向外排毒，被污染的饲料、饮水、器具、车辆等都会成为该病的传染源，感染的飞禽或迁徙鸟类会将病毒传播到很远的地方。本病通过消化道、呼吸道水平传播，无明显的季节性，常呈地方性流行。不同品种、不同日龄的鸭、鹅均可感染发病，日龄越小，其发病率和死亡率也越高，随着日龄的增长，发病率和死亡率也下降。番鸭是鸭中最易感的品种，5 ～ 35 日龄雏鸭、15 ～ 60 日龄雏鹅的发病最为常见。成年鸭、鹅的发病率和死亡率明显下降，产蛋鸭、鹅感染后产蛋率明显下降。

2.3　临床表现

鸭和鹅的临床表现相似。病禽精神不振，食欲减退，排黄白色稀粪或水样粪便，部分病禽时常甩头、咳嗽，随着病情的发展，表现扭颈、转圈、仰头、头颈震颤等神经症状（图3-9，视频3-5），呼吸困难，眼睛流泪，眼眶及周围羽毛被泪水打湿。成年禽主要表现为食欲略减，产蛋量下降，蛋的品质也下降，出现软壳蛋和沙壳蛋等。

视频3-5

（扫码观看：鹅的副黏病毒病，病鹅无法站立，扭颈，头颈震颤，拉黄白色粪便）

图3-9　病鸭表现扭颈（黄瑜 供图）

2.4　剖检变化

　　病死鸭的剖检，可见肝脏稍肿大、瘀血或出血；脾脏肿大；胰腺出血（图3-10），或有大量针头大小的坏死点（图3-11）；腺胃黏膜水肿、出血，腺胃与食道交界处出血（图3-12）；十二指肠和直肠黏膜出血；肺脏出血；脑充血、水肿。

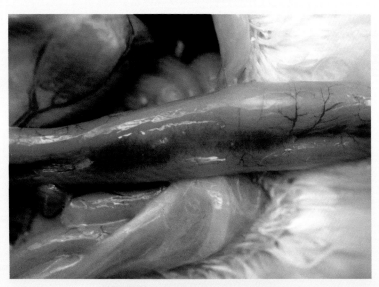

图3-10　胰腺出血（黄瑜 供图）

图3-11 病鸭胰腺上大量的坏死点（黄瑜 供图）

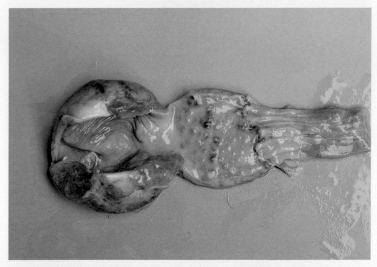

图3-12 腺胃出血，腺胃与食道交界处出血（黄瑜 供图）

病死鹅的剖检，可见肝脏肿大、瘀血，有芝麻或绿豆大小的灰白色坏死灶；胰腺有灰白色粟粒大小的坏死点（图3-13）；脾脏肿大，有坏死灶；下段食道黏膜有散在的灰白色或淡黄色溃疡结痂；腺胃黏膜水肿、充血，黏膜下有白色坏死或溃疡，肌胃有时也有出血点；肠道黏膜有不同程度的出血；空肠和回肠黏膜上常有散在的淡黄色坏死性假膜；盲肠扁桃体肿大、出血；脑充血、瘀血。

图3-13　病鹅胰腺上大量的坏死点（黄瑜 供图）

2.5　诊断

根据流行病学特点、临床表现和病理变化可做出初步诊断。确诊还应结合实验室检测结果进行综合判断，可参考国家标准《新城疫诊断技术》（GB/T 16550—2008）或商检行业标准《新城疫检疫技术规范》（SN/T 0764—2011）进行病毒的检测。临诊中鸭禽1型副黏病毒病易与雏番鸭细小病毒病、流感等相混淆，鹅禽1型副黏病毒病易与小鹅瘟相混淆，可根据各自的临床特点及实验室检测结果加以区别。

2.6　防治

预防本病可采用疫苗接种。新城疫疫苗有两大类：一类是活疫苗，其中有中等毒力的1系苗和其他活疫苗（如Ⅳ系苗、N系苗和克隆-30等）；另一类是油佐剂灭活苗。鸭和鹅接种新城疫疫苗后，均能提供一定的保护，但由于感染水禽的副黏病毒与鸡新城疫病毒在抗原性上存在一定的差异，所以疫苗的效果会相对差一些。水禽专用的新城疫疫苗已有学者开始研制，不久的将来有望应用于生产。

发病时应严格消毒场地、物品和用具。根据具体情况可进行紧急接种，用新城疫活疫苗Ⅳ系稀释20倍后滴鼻。紧急接种会加速一部分感染水禽的死亡，但整群在接种后1周左右停止死亡。也可对病禽注射抗新城疫高免卵黄抗体，每羽1～2毫升，同时应用抗病毒药和抗生素，可在一定程度上控制疫情。

3　鸭瘟

3.1　概述

鸭瘟，又称鸭病毒性肠炎，是由鸭瘟病毒引起的雁形目鸭科成员（如鸭、鹅和天鹅等）的一种高度致死性传染病。感染鸭的病理特征是黏膜和血管壁损伤，主要脏器有明显的出血和坏死病变。该病最早于1923年在荷兰发生和流行，1942年命名为鸭瘟。我国早在20世纪50年代末期即有该病发生，并由黄引贤教授首先报道，之后在全国各地陆续发生，给养鸭业造成巨大的经济损失。

3.2　流行病学

该病的传染源主要是病鸭、潜伏期感染鸭以及感染康复期带毒鸭。另外，多种野生水禽对鸭瘟病毒易感，这些禽类一旦被病毒感染，或发病死亡，或感染带毒，而且携带病毒时间可长达数月，甚至数年，也是一个重要的传染源。易感鸭与感染鸭直接接触可以感染该病，与污染病毒的饲料、饮水、器具、环境等接触也可感染。各品种、各日龄鸭和鹅均可感染。发病率为5%～100%，发病鸭一般都会死亡。在养鸭密集地区，鸭瘟传播快而且死亡率高。本病一年四季均可发生。

3.3　临床表现

病鸭首先表现为体温明显升高，精神不振、羽毛松乱、食欲减少或停食；后期运动障碍，表现不能站立、双翅扑地或头下垂等。部分鸭头部因皮下有大量渗出物而肿大（图3-14），加之羽毛蓬乱，因此也有人将其称为"大头瘟"。眼眶周围羽毛湿染或眼睑粘连、泄殖腔黏糊、水样下痢，甚至血便。一旦出现明显症状，通常在1～5天内死亡。

图3-14　头颈部肿胀（黄瑜 供图）

3.4　剖检变化

鸭瘟的重要特征性临床病变是消化道黏膜及实质脏器的出血和坏死。剖检时可见头颈部、腹部及大腿内侧皮下有大量的胶冻样渗出物（图3-15）。肝脏肿胀，外观呈不均匀斑驳状，表面有不规则的针尖状出血点、出血斑、黄白色的坏死灶（图3-16）。肾脏表面有出血斑。所有淋巴器官均受到侵害，脾脏肿大，色深并呈斑驳状（图3-17），胸腺有明显出血斑（图3-18），法氏囊严重充血或出血（图3-19）。胰腺有不同程度的出血和坏死，以及气管黏膜的出血。口腔、食管、十二指肠、空肠、直肠和泄殖腔等消化道出血是鸭瘟的特征性病变之一，主要表现为食道黏膜出血和坏死，病程稍长的病例食道有纵行排列的灰黄色伪膜，剥去伪膜后则留有溃疡（图3-20）；食道膨大部与腺胃交界处出血；肠道外观可见有明显的环状出血带（图3-21），剖开可见黏膜出血或有大量的出血斑；直肠后段及泄殖腔黏膜有明显的坏死、出血或溃疡（图3-22）。成年产蛋鸭卵泡变形、出血或破裂（图3-23）。病程稍长者，口腔和喉头周围有溃疡。

图3-15 头颈部皮下有大量的胶冻样渗出物（黄瑜 供图）

图3-16　肝脏肿大出血、坏死（黄瑜 供图）

图3-17　脾脏肿大，色深并呈斑驳状（黄瑜 供图）

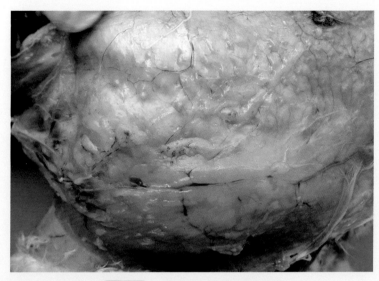

图3-18　胸腺出血（黄瑜 供图）

图3-19　法氏囊出血（黄瑜 供图）

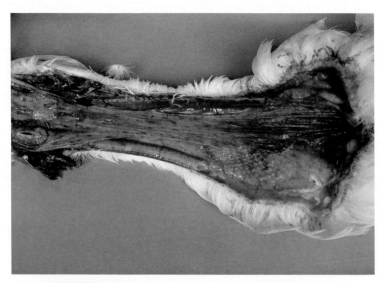

图3-20 食道出血、坏死，有伪膜形成（黄瑜 供图）

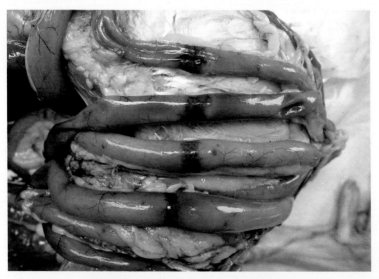

图3-21 肠道环状出血（黄瑜 供图）

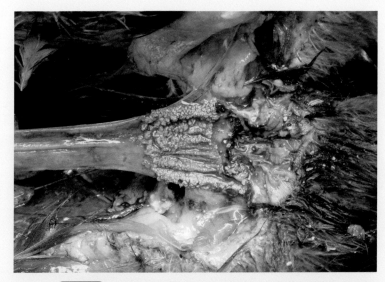

图3-22　直肠末端坏死及泄殖腔出血（黄瑜 供图）

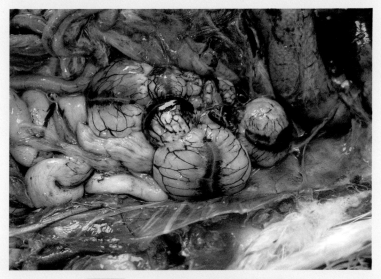

图3-23　卵泡变形、出血（黄瑜 供图）

3.5　诊断

　　根据鸭群的发病和死亡情况，结合其特征性的病理变化即食道黏膜的出血、坏死、纵行排列的灰黄色伪膜，可做出初步诊断，确诊则需要做进一步的病原分离和鉴定。利用传统的PCR方法检测感染组织或细胞培养物中鸭瘟病毒的基因组DNA。临床诊断时应注意与水禽的其他出血坏死性疾病相区别，包括水禽病毒性肝炎、高致病性禽流感、新城疫、禽霍乱、球虫病、坏死性肠炎以及某些急性中毒性疾病。

3.6　防治

　　接种鸭瘟疫苗是预防该病最有效的手段之一，接种活疫苗或者灭活疫苗均可刺激机体产生良好的免疫反应。非疫区且受鸭瘟威胁较小的种鸭或蛋鸭群通常在2月龄左右经皮下或肌内注射接种一次活疫苗，然后每年做一次加强免疫。疫病流行地区受威胁的鸭群，建议在2周龄左右经皮下或肌内接种活疫苗，之后间隔2～3周再免疫一次。种鸭群要定期进行加强免疫。

　　目前无特异性的治疗方法，一旦怀疑鸭瘟病毒感染，紧急免疫可以最大限度降低病毒感染和疫情的蔓延。应注意的是，对于处于潜伏期感染的鸭，紧急接种疫苗可能会加速其死亡，所以潜伏感染率较高的鸭群在紧急免疫接种后短时间内可能会出现死亡率迅速上升的现象。

4　水禽病毒性肝炎

4.1　概述

水禽病毒性肝炎是由鸭甲肝病毒引起的危害雏水禽的急性传染病，主要特征为肝脏肿大、出血，发病率高达70%，病死率高达60%，给水禽养殖业带来了巨大的经济损失。该病最早报道于1945年，在美国纽约长岛的北京鸭中发现并且分离到病毒，我国于1963年首次报道。鸭甲肝病毒有3个基因型，基因1型为最早流行且至今仍在流行的鸭甲肝病毒，基因2型为2007年报道的台湾型鸭甲肝病毒，基因3型为2007年报道的韩国型鸭甲肝病毒。我国流行的鸭甲肝病毒以基因1型为主，基因3型的流行日渐增多。2005年，法国学者报道了由基因1型鸭甲肝病毒引起的新病变型，即肝脏无眼观出血变化而胰腺发黄、脑膜出血。2011年以来，我国南方数省养殖的番鸭、半番鸭均发现同样病例的流行，即由基因1型鸭甲肝病毒引起的新病变型，我们称之为胰腺炎型。

4.2　流行病学

4.2.1　肝炎型

病鸭和隐性带毒的成年鸭是主要的传染源，通过粪便排毒，鸭甲肝病毒对外界的抵抗力相对较强。自然条件下，该病只发生于各品种雏鸭和雏鹅，雏鸭中以北京鸭、樱桃谷鸭、麻鸭和半番鸭更常发病。主要通过污染的饲料、饮水经消化道传播，也可经呼吸道传播。多发生于1～3周龄内的雏鸭和雏鹅，潜伏期短，发病急，严重者出现症状后1小时左右死亡。水禽群常在发病后3天左右达到死亡高峰，发病率为20%～70%，病死率为30%～60%。日龄越小的水禽感染后发病率和病死率均更高，随着日龄的增大，死亡率有所下降。常继发沙门氏菌病、鸭疫里默氏杆菌病等细菌性传染病。该病无明显的季节性。

4.2.2　胰腺炎型

流行病学方面与肝炎型不同的是易感品种和发病日龄的差异。临床上发病鸭的品种多为番鸭、半番鸭和鹅，其余品种鸭未见报道。临床上的发病日龄比肝炎型略晚，多侵害30日龄内的雏鸭和雏鹅，常见的发病日龄为15日龄之后。发病率10%～30%，病死率25%～40%。

4.3　临床表现

4.3.1　肝炎型

常突然发病，病禽精神萎靡，食欲减退，眼半闭，打瞌睡，随着病程的发展，表现神经症状，身体倒向一侧，两腿痉挛性后踢，头向后仰，呼吸困难，死亡时呈角弓反张姿势（图3-24）。

4.3.2　胰腺炎型

疾病的发展过程比肝炎病变型缓和。病禽初期精神沉郁，采食量下降，喜趴伏静卧，下痢，随着病程

图3-24 死亡鸭的角弓反张姿势（刘荣昌 供图）

的发展，表现绝食、精神萎靡，发病后3天开始出现死亡，死亡禽无特征性的角弓反张姿势。

4.4 剖检变化

4.4.1 肝炎型

剖检病变主要在肝脏和肾脏。肝脏肿大，质脆易碎，表面见有出血点和出血斑（图3-25）。肾脏肿大、出血（图3-26），表面血管明显易见，切面隆起。胆囊肿大，充满墨绿色胆汁。心肌柔软，呈暗红色，心房扩张，充满不凝固的血液。

图3-25 肝脏肿大，表面有出血点和出血斑（程龙飞 供图）

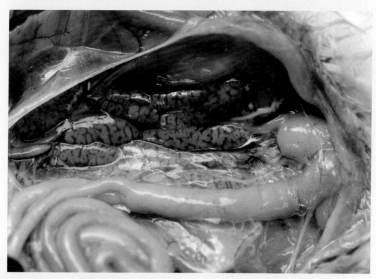

图3-26 肾脏肿大、出血（程龙飞 供图）

4.4.2　胰腺炎型

剖检病变主要在胰腺。胰腺出血（图3-27），或外观泛黄（图3-28），其他器官未发现肉眼可见的变化。

图3-27　胰腺出血（傅光华 供图）

图3-28　胰腺外观泛黄（傅光华 供图）

4.5 诊断

根据发病日龄多在3周龄以内、发病急、病程短、死亡率高，以及角弓反张的死亡姿势、肝脏的出血点或出血斑等可对肝炎病变型做出初步诊断；根据发病相对缓和、胰腺的泛黄，可对胰腺炎型做出初步诊断。确诊还需结合病毒的分离鉴定等实验室手段。临床中，水禽病毒性肝炎与番鸭呼肠孤病毒病、鸭3型腺病毒病等有较多的相似之处，应注意鉴别。

4.6 防治

接种鸭肝炎活疫苗可有效地预防鸭病毒性肝炎，一般于1日龄时免疫一次即可。但是在疫区，雏鸭或雏鹅均有水平不等的母源抗体，会不同程度地干扰疫苗的免疫效果，以高免卵黄抗体来预防鸭病毒性肝炎也是常见的做法，即于7日龄左右注射一次。自繁自养的鸭场或鹅场可对种禽群进行活疫苗的多次加强免疫，可有效地保护雏鸭或雏鹅。

高免卵黄抗体也是治疗鸭病毒性肝炎的有效手段，发病后立即注射高免卵黄抗体可有效地控制疫情的发展和蔓延。

5 小鹅瘟

5.1 概述

小鹅瘟是由鹅细小病毒引起的雏鹅和雏番鸭以急性肠炎为特征的一种急性或亚急性败血性传染病。我国于1956年在国内外首次从发病雏鹅中发现并分离鉴定了该病毒，现在该病呈世界性分布。

5.2 流行病学

该病毒主要侵害4周龄内各品种雏鹅和雏番鸭，其易感性随日龄增长逐渐降低，4周龄以上鹅和番鸭较少发病。发病率50%～70%、病死率40%～65%，病愈后大部分生长缓慢且羽毛生长不良。麻鸭、北京鸭、樱桃谷鸭和鸡感染鹅细小病毒后无明显临床症状。该病一年四季均可发生，无明显的季节性，但以冬、春季发病率较高。发病雏鹅和雏番鸭为主要的传染源，成年鹅和番鸭感染后不表现症状，但会排毒，也是重要的传染源。受病毒污染的饲料、饮水、工具和饲养员也能机械性传播病毒，传播途径为消化道和呼吸道。被病毒污染的种蛋是孵坊传播该病的主要原因之一。

5.3 临床表现

主要表现为精神委顿，饮、食欲减少或废绝，严重下痢，排黄白色或淡黄绿色水样稀便，最后衰竭而死。病死率可高达70%～90%，病程可持续7～10天以上。

5.4 剖检变化

特征性病变为肠道的炎症。肠道外观发红、十二指肠黏膜出血明显，肠道外观肿胀、触压有硬感，在中后段肠道可见由脱落的肠黏膜和纤维素性渗出物混合形成的状如腊肠样的特征性栓塞（图3-29～图3-31、视频3-6）。肝脏肿大呈棕黄色，胆囊明显膨大，充满蓝绿色胆汁。胰腺颜色变暗，有时有白点。心肌颜色变淡，肾脏肿胀。

视频3-6

（扫码观看：小鹅瘟，肠肿大明显，肠内有香肠样的栓塞）

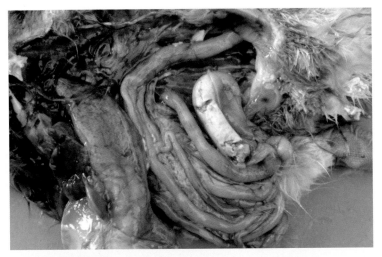

图3-29　病鹅中后段肠道的栓塞（傅光华 供图）

图3-30　病番鸭中后段肠道的栓塞（程龙飞 供图）

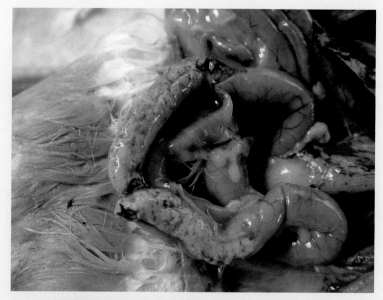

图3-31 病番鸭中后段肠道内的栓塞（程龙飞 供图）

5.5 诊断

临床上可根据发病日龄、特征性的中后段肠栓塞等做出初步诊断。确诊还需结合病毒的分离鉴定、聚合酶链反应以及免疫荧光等实验室手段。在临床上该病要注意与番鸭细小病毒病进行鉴别诊断。番鸭细小病毒病又名喘泻病，下痢的同时还有张口呼吸症状，但没有肠道的栓塞。

5.6　防治

加强饲养管理，搞好环境卫生，定期消毒和减少应激对该病的预防和控制有一定作用。疫苗免疫是预防和控制小鹅瘟的有效措施，目前已商品化的疫苗为小鹅瘟活疫苗，于出壳时免疫注射一次即可。番鸭细小病毒病活疫苗免疫后也能产生一定的交叉抗体，但不能完全保护小鹅瘟强毒的感染。免疫种鹅或种番鸭，可以给雏禽提供一定的母源抗体保护。

一旦发生本病，应隔离病禽并肌内注射高免卵黄抗体，可起到一定的治疗效果。同时配合肠道广谱抗生素或抗病毒中药等进行拌料或饮水，提高疗效。

6　番鸭细小病毒病

6.1　概述

番鸭细小病毒病，又称为"三周病"或"喘泻病"，是由番鸭细小病毒引起的专一侵害雏番鸭的一种急性或亚急性、高度接触性传染病。该病主要侵害7～20日龄的雏番鸭，成年番鸭不发病。我国于1985年最早报道了该病的流行，而后法国、美国和日本等地也相继报道了本病的流行。

6.2　流行病学

成年番鸭感染后不表现任何症状，但会向外排出大量病毒，污染环境和种蛋，成为重要的传染源，经消化道和呼吸道传播。自然情况下只有雏番鸭发病，其他禽类未见感染发病。一般从5～8日龄开始发病，10～15日龄为发病高峰，以后逐日减少，20日龄之后表现为零星发病。发病率为20%～60%，病死率多为15%～40%，随着日龄的增长其发病率及病死率也随之下降，病愈鸭大多成为僵鸭。本病一年四季均可发生，但以冬、春季节发病较多。

6.3　临床表现

本病多呈急性或亚急性经过，患病雏番鸭精神沉郁，食欲不振或废绝，打堆，腹泻，粪便呈绿色或灰白色，常黏附于肛周羽毛，软脚，行走不便，喜蹲伏；

多数病鸭呼吸困难，甩头流鼻涕，严重时张口呼吸（视频3-7）或喘气；病后期喙发绀，喘气频繁，最后衰竭而死。病程一般2～5天，有的达1周以上。

视频3-7

（扫码观看：番鸭细小病毒病，病鸭张口呼吸）

6.4 剖检变化

特征性的病变在肠道和胰腺。小肠呈卡他性炎症，黏膜脱落，肠壁变薄，内容物水样（图3-32）。胰腺苍白或充血，局灶性或整个表面出血，表面有数量不等的针尖大、灰白色的坏死点（图3-33）。肝脏稍肿大，胆囊充盈。肾脏呈暗红色或灰白色。心肌色淡、松弛，有时见心包炎。

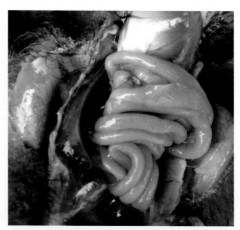

图3-32 小肠肿胀，肠壁变薄，内容物水样（刘友生 供图）

图3-33 胰腺表面有数量不等的针尖大、灰白色的坏死点（刘友生供图）

6.5　诊断

　　该病的诊断可根据其流行病学、具有特征性的临床症状和病理变化做出初步诊断。但要做出确切诊断，需进行病毒分离鉴定、琼脂扩散试验、血清中和试验、荧光抗体技术、酶联免疫吸附试验及乳胶凝集试验等。其中以乳胶凝集试验最为实用，该方法操作简便、敏感、特异、检测速度快。

　　在临诊上，雏番鸭细小病毒病易与雏番鸭小鹅瘟、雏番鸭流感、雏番鸭出血症、雏番鸭肝炎等疾病相混淆，需根据各病的临诊特征加以鉴别。

6.6　防治

加强饲养管理，搞好环境卫生，定期消毒和减少应激对该病的预防和控制有一定作用。疫苗免疫是预防该病的有效措施，目前已商品化的疫苗为番鸭细小病毒病活疫苗，于出壳后1天内注射一次即可。自繁自养的番鸭场可对种鸭进行活疫苗的多次加强免疫，可有效地保护雏鸭。

一旦发生本病，应隔离病鸭并肌内注射高免卵黄抗体，可起到一定的治疗效果。同时配合肠道广谱抗生素或抗病毒中药等进行拌料或饮水，提高疗效。

7　短喙与侏儒综合征

7.1　概述

20世纪70年代初，在法国西南部的半番鸭出现一种以上喙变短和生长不良为主要特征的疫病，直到90年代末才由匈牙利的学者证明该综合征的病原是鹅细小病毒的变异株。2014年以来，我国饲养的半番鸭、番鸭和樱桃谷鸭等也出现了类似疫病的流行，又称为"短喙长舌综合征"。经国内学者的研究，认为引起该综合征的病原是鹅细小病毒或番鸭细小病毒的变异株，其致病力低于传统的鹅细小病毒和番鸭细小病毒，但由于大量残次鸭的出现，严重影响养鸭业的经济效益。该病目前也在波兰、我国台湾等地发生。

7.2 流行病学

种鸭可感染该病但不表现任何症状，是重要的传染源。该病不仅可水平传播，也可垂直传播。发病品种除了半番鸭外，还见于番鸭和樱桃谷鸭。发病时间在10～50日龄之间，鸭群发病率为5%～20%不等，严重时可达50%左右，病死率较低。

7.3 临床表现

病鸭轻度腹泻，不愿活动，生长迟缓，体重较轻，上喙变短（图3-34）、舌头伸出（图3-35）的鸭所占的比例为20%～50%，翅脚易断，折断后病鸭行走困难或瘫痪不起，至出栏时残次鸭（图3-36）比例高达65%。

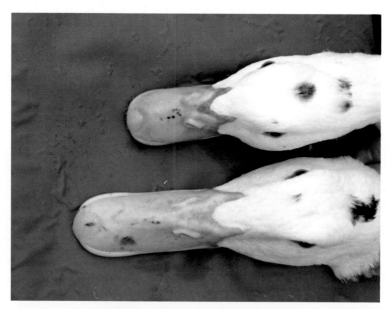

图3-34　病鸭上喙变短（黄瑜 供图）

图3-35　病鸭舌头肿胀伸出（刘荣昌 供图）

图3-36 同一批鸭的大小对比（黄瑜 供图）

7.4 剖检变化

病鸭扑杀后剖检，可见舌短小、肿胀，胸腺肿大、出血，骨质较为疏松，卵巢萎缩，翅膀骨或胫骨断裂（图3-37），其余脏器未见明显病变。

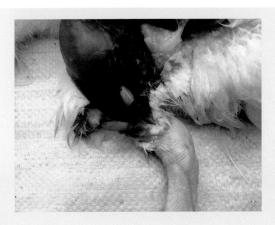

图3-37 胫骨断裂（黄瑜 供图）

7.5 诊断

根据死亡率偏低，鸭群个体参差不齐，可以做出初步诊断。确诊需结合病毒的分离鉴定等实验室手段。临床上应注意与鸭圆环病毒感染引起的鸭生长迟缓相区分。

7.6 防治

加强种鸭的饲养管理，雏鸭于1日龄时注射番鸭细小病毒病活疫苗或鹅细小病毒病活疫苗进行免疫，可以收到一定的预防效果。此外，对那些没有接种相应活疫苗的雏鸭，可安排在3～5日龄时注射小鹅瘟高免卵黄抗体0.7毫升，也有较好的预防效果。一旦发生本病，没有很好的治疗方案。

8 番鸭呼肠孤病毒病

8.1 概述

番鸭呼肠孤病毒病是由呼肠孤病毒引起的病毒性传

染病。该病最早于1950年在南非被发现，20世纪70年代在法国流行并成为番鸭的主要病毒病之一，于1981年确定了该病的病原，即呼肠孤病毒。我国于1997年开始流行，又称为"花肝病""肝白点病"等，造成了重大的经济损失。

8.2 流行病学

该病最初只感染番鸭，后来陆续发现半番鸭、麻鸭、北京鸭和鹅等均可感染发病。多见于10～45日龄，发病率为20%～90%，死亡率通常为10%～30%，日龄愈小病死率愈高，耐过鸭生长发育明显迟缓。病鸭及痊愈后带毒鸭为主要的传染源，污染病毒的饲料、饮水和器具等也可机械带毒。该病经消化道、呼吸道和脚蹼损伤等传播。该病的发生无明显季节性。

8.3 临床表现

病鸭精神沉郁，拥挤成群，鸣叫，少食或不食，少饮，羽毛蓬松且无光泽，眼分泌物增多，全身乏力，脚软，呼吸急促，下白痢、绿痢，喜蹲伏，头颈无力下垂。病程一般为2～14天，死亡高峰为发病后5～7

天，死前以头部触地，部分鸭头向后扭转。两周龄以内患病鸭能耐过的很少，病鸭耐过后生长发育不良，成为僵鸭。

8.4　剖检变化

剖检病死鸭，病变多集中于肝脏和脾脏。肝脏肿大，质地变脆，内有大量红色的出血点或出血斑，或大量灰白色的坏死点或坏死斑，俗称"肝白点病"（图3-38），或两者并存而使肝脏呈花斑样，即俗称的"花肝病"（图3-39、视频3-8）。脾脏肿大呈暗红色，表面及实质有许多大小不等的灰白色坏死点（图3-40）或坏死斑（图3-41）。胰腺表面有白色细小的坏死点。肾脏肿大、出血，表面有黄白色条斑或出血斑，部分病例可见针尖大小的白色坏死点或尿酸盐沉积。肠道外壁可见有大量针尖大小的灰白色坏死点（图3-42）。脑水肿，脑膜有点状或斑块状出血。法氏囊有不同程度的炎性变化，囊腔内有胶冻样或干酪样物。

视频3-8

（扫码观看：番鸭呼肠孤病毒病，肝脏肿大，肝脏上有大量红色的出血点和灰白色的坏死点，俗称"花肝病"）

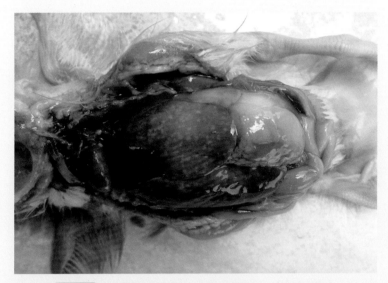

图3-38 肝脏上有大量灰白色坏死斑（刘荣昌 供图）

图3-39 肝脏上有大量红色出血点和灰白色坏死点（程龙飞 供图）

图3-40 脾脏上的灰白色坏死点（黄瑜 供图）

图3-41 脾脏上的灰白色坏死斑（黄瑜 供图）

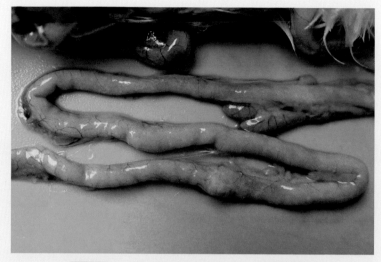

图3-42　肠壁上的灰白色坏死点（黄瑜 供图）

8.5　诊断

根据发病鸭群的日龄、临床症状，以及剖检时肝脏、脾脏等脏器的特征性病变可做出初步的诊断。确诊则需要进行病原分离鉴定或其他实验室诊断。

8.6　防治

加强饲养管理，搞好环境卫生，定期消毒和减少应激对该病的预防和控制有一定作用。疫苗免疫是预防该病的有效措施，目前已商品化的疫苗为番鸭呼肠孤病毒病活疫苗，于出壳后1天内注射一次即可。

一旦发生本病，应隔离病鸭并肌内注射高免卵黄抗体，可起到一定的治疗效果。同时配合抗病毒中药等进行拌料或饮水，提高疗效。

9　鸭3型腺病毒病

9.1　概述

鸭3型腺病毒病是2014年以来开始在我国流行的一种以引起番鸭肝脏肿大、出血和坏死为特征的新病，最早由张新珩等报道，在广东的番鸭养殖场中发生，随后该病在安徽、福建、浙江、江西、河南、云南等我国大部分地区流行，对我国番鸭养殖业造成了重大的经济损失。

9.2　流行病学

目前临床上发病最多的品种是番鸭，没有性别差异，黑羽番鸭和白羽番鸭均可发生，偶见麻鸭发病，其他品种鸭未见发生，目前也没有鹅发生该病的报道。发病时间多为 10 ~ 40 日龄，发病后 2 天陆续死亡，如果没有其他疾病的并发，死亡率在 10% ~ 30%。目前，该病的传染源、传播途径尚不是很明确。该病一年四季均有发生，没有季节性特征。

9.3 临床表现

病鸭精神不振，打堆，食欲下降，排黄白色稀粪，2 天后陆续有死亡发生，死亡率在表现症状后的第 5 ~ 8 天最高，然后逐渐减少，病程约持续 15 天。

9.4 剖检变化

剖检死亡鸭，可见心包膜略增厚，心包内轻度积液，积液呈清亮的淡黄色（图 3-43、视频 3-9）。肝脏肿大，有时颜色变淡，表面散布大量的出血点（视频 3-10），或同时有大量的出血点和灰白色的坏死点（图 3-44）。胆囊肿大、内充满胆汁（图 3-45）。脾脏肿大、充血或出血，肾脏出血（图 3-46）。

视频3-9

（扫码观看：鸭3型腺病毒病，心包内积有淡黄色较清亮的液体，肝肿大，表面有红色的出血点和灰白色的坏死点）

视频3-10

（扫码观看：鸭3型腺病毒病，肝脏肿大，色泽变淡，表面有红色的出血点和灰白色的坏死点，胆囊肿大并充满胆汁，脾脏肿大、充血，肾脏出血）

图3-43　心包内有淡黄色较清亮积液（程龙飞 供图）

图3-44 肝脏肿大，颜色变淡，表面散布大量的出血点和
灰白色坏死点（程龙飞 供图）

图3-45 胆囊充满胆汁（程龙飞 供图）

图3-46　脾脏肿大、充血，肾脏肿大、出血（程龙飞 供图）

9.5　诊断

根据发病日龄特点，肝脏肿大色淡、出血点与坏死点并存等特征，可以做出初步诊断。临床上，该病与番鸭呼肠孤病毒病非常相似，与鸭病毒性肝炎也有一定的相似之处，应注意鉴别。诊断应依靠实验室的方法，快速的方法是病毒的PCR鉴定，确诊有赖于病毒的分离和鉴定。

9.6　防治

该病是近几年出现的一种新病，尚没有商品化的疫苗供选用。有学者试制了灭活疫苗，于4～7日龄进行接种，收到了较好的预防效果。目前没有特异性的治疗方法，加强饲养管理，添加保肝护肾的药物，对减轻发病程度有一定作用。

10　鹅星状病毒病

10.1　概述

鹅星状病毒病是由新型星状病毒引起的，是一种以内脏和关节痛风为主要特征的传染性疾病。2017年以来流行于我国大部分地区的雏鹅，给养鹅业造成了巨大的经济损失。星状病毒家族庞大，广泛存在于世界各地的家禽和野生鸟类中。家禽中，鸡、火鸡和珍珠鸡感染星状病毒能够引起肠炎、肾炎和生长受阻等，鸭感染星状病毒则主要导致病毒性肝炎。

10.2　流行病学

该病主要发生于5～20日龄的雏鹅，死亡率最高可达50%。不同品种的鹅均可发生。降低饲料中的蛋白含量、减少饲喂量等常规预防治疗痛风的方法，对该病无效。其余流行病学情况目前尚不清楚。

10.3　临床表现

病鹅精神沉郁，卧地倦动，采食量减少，排白色稀粪。

10.4　剖检变化

剖检可见内脏器官有数量不等的白色尿酸盐沉积，如肝脏表面（图3-47）、肾脏（图3-48）、腹腔浆膜面、气囊（图3-49）、关节腔内（图3-50）。肝脏出血、肿大，脾脏肿大出血（图3-51）等。

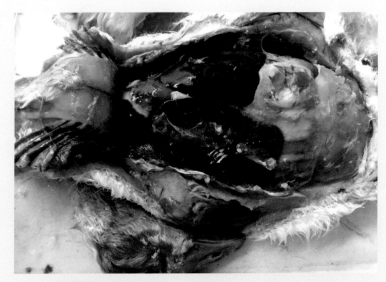

图3-47　肝脏表面的白色尿酸盐沉积（傅光华 供图）

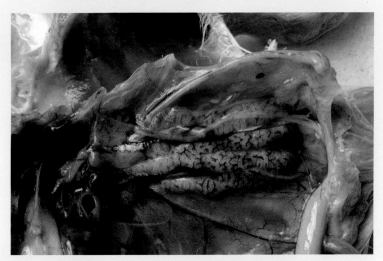

图3-48　肾脏上的白色尿酸盐沉积，输尿管内充满
尿酸盐（程龙飞 供图）

图3-49　气囊上的白色尿酸盐沉积（傅光华 供图）

图3-50　关节腔内的白色尿酸盐沉积（傅光华 供图）

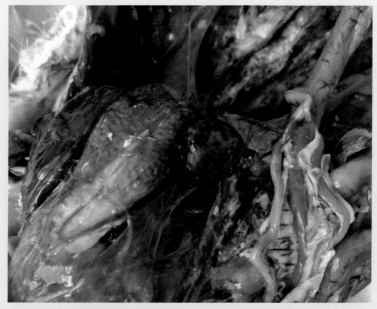

图3-51　脾脏肿大、出血（傅光华 供图）

10.5　诊断

本病的特征性变化为内脏和关节腔内的白色尿酸盐沉积，与痛风在临床表现和剖检病变上非常相似，难以区别，只能依靠实验室的病原PCR检测来进行快速诊断。本病是2017年以来流行于我国雏鹅群中的一种新发传染病，应引起重视。

10.6　防治

预防本病的发生，应加强饲养管理，做好生物安全措施，不与发病鹅相接触。疫苗还处于研发阶段，没有商品化。本病无特异性治疗方法，痛风的常规治疗方法如降低饲料中的蛋白含量、减少饲喂量、添加促进尿酸排泄的药物等，对本病的治疗没有明显效果，但可不同程度地缓解症状，对降低疾病的损失有一定的作用。

11　禽坦布苏病毒病

11.1　概述

禽坦布苏病毒病是2010年春在我国河北、江苏和福建等地的蛋鸭、种鸭中出现的一种以产蛋骤然下降，甚至停产为主要临床特征的疾病。病禽还伴有发热、食欲减退等症状。随后该病逐步蔓延到我国东南沿海大部分省份及地区，不同地区、不同品种鸭群发病率高低不一，种禽、蛋禽，包括鸭、鹅、鸡及麻雀等都有感染报道。以开产蛋鸭、种鸭和种鹅最易感，群内发病率几乎100%，病死率为0～12%，给养禽业造成巨大经济损失。2012年在马来西亚和2013年在泰国饲养的鸭群中也相继暴发该病，该病已成为危害养禽业健康发展的又一新发疫病。

11.2　流行病学

已报道从麻鸭、北京鸭、樱桃谷鸭、番鸭、半番鸭、鹅及鸡中分离到病毒，并在实验条件下成功复制出该病。从发病鸭场附近的麻雀和死亡鸽体内也分离到病毒，表明野鸟和其他禽类亦可能被感染或者携带病毒成为坦布苏病毒病的传染源。鸭和鹅对该病毒高度易感，鸡次之。该病的传播方式有水平传播和垂直传播两种。直接接触可传染本病，被污染的种蛋、运输工具、饲料、饮水和人员流动均可成为重要的传播载体。实验已证实，该病毒可经蚊虫叮咬传播。种禽在感染期间所产的种蛋极易被病毒污染，造成病毒的垂直传播。本病没有明显的季节性特征，在蚊虫活动频繁的季节相对多发。

11.3　临床表现

　　发病早期鸭群表现采食量下降，部分病鸭排绿色稀粪（图3-52）、趴卧或不愿行走，随之产蛋量急速下降，严重感染鸭群的产蛋率通常在3～7天之内下降至10%以下，直至停产。2～3周龄的商品肉鸭也会发病，主要以神经症状为主，患鸭站立不稳、运动失调。病鸭虽然仍有食欲和饮欲，但往往因为行动困难无法采食，因饥饿或被践踏而死。

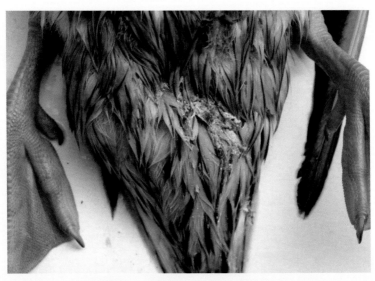

图3-52　**病鸭排绿色稀粪（黄瑜 供图）**

鹅群感染后的临床表现与鸭相似，出现采食量下降。种鹅产蛋率下降20%～50%不等，病死率2%左右。肉鹅18～56日龄开始发病，病死率一般在10%左右。日龄越小发病越严重，死亡率越高。发病后8～10天达到高峰，病程3～4周。发病后体温升高，羽毛沾水，不爱下水或下水后浮在水面不动，有的出现腿瘫、仰卧、转圈、摇头等脑炎样神经症状。

11.4　剖检变化

不同日龄的鸭和鹅感染后的剖检变化不同。商品肉鸭和肉鹅感染后，主要的剖检变化表现为肝脏局灶性出血（图3-53），脾脏肿大、坏死而使其表面呈大理石样（图3-54），脑轻度出血，其他脏器无肉眼可见病变。后备鸭和鹅感染后，剖检可见卵巢表现不同程度的出血（图3-55，视频3-11），或卵泡停止发育，形成桑葚卵巢。开产鸭和鹅感染后，剖检病变主要有卵巢的出血、液化（图3-56）、瘢痕化及卵巢萎缩，卵泡闭锁，形成桑葚卵巢（图3-57），感染后期会出现卵黄性腹膜炎。种公鸭感染后主要表现睾丸出血、萎缩，精子质量下降、受精率降低。

视频3-11

（扫码观看：禽坦布苏病毒病，后备鸭感染，扑杀后剖检可见卵泡出血，脾脏肿大、表面呈大理石样）

图3-53　肝脏局灶性出血（黄瑜 供图）

图3-54　脾脏肿大、坏死而使其表面呈大理石样（程龙飞 供图）

图3-55　后备鸭卵巢出血（程龙飞 供图）

图3-56 卵巢出血、液化（黄瑜 供图）

图3-57 病鸭感染后形成桑葚卵巢（黄瑜 供图）

11.5　诊断

根据产蛋量的急剧下降、少量的发病死亡、卵巢的出血或坏死等特征，可做出初步的诊断。实验室的诊断包括病毒分离、免疫学检测和分子生物学鉴定。在临诊中，对于开产种（蛋）鸭、鹅的禽坦布苏病毒病，应与禽流感和副黏病毒感染等相区别；而对于肉用鸭、鹅的禽坦布苏病毒病，应主要与禽流感、鸭传染性浆膜炎等区别开。

11.6　防治

严格的生物安全措施是预防该病传入的必要手段，应严格控制人员和物品的流动，杜绝与发病禽场来往，包括种蛋的交流。孵化场应停止使用来源不明的种蛋，对种蛋及包装、运输工具，特别是运输工具执行严格的消毒措施。在开产前2～3周免疫接种相应的活疫苗或灭活油佐剂疫苗，可有效地预防该病。

目前尚无有效的治疗方法。针对发病鸭群和鹅群可采取适当的支持性治疗，在饮水中添加一定量高品质的复合维生素添加剂，并通过饮水适当给予一定量的抗生素防治细菌继发感染。

12 传染性浆膜炎

12.1 概述

传染性浆膜炎是由鸭疫里默氏杆菌引起的危害家鸭、鹅、火鸡及其他家禽和野禽的一种接触性疾病，又名鸭疫里默氏杆菌病，曾用名有鸭疫巴氏杆菌病、新鸭病、鸭败血症、鸭疫综合征、鸭疫败血症等。该病呈急性或慢性败血症形式，其特征是纤维素性心包炎、肝周炎、气囊炎、干酪性输卵管炎和脑膜炎。本病呈世界性分布，在所有集约化养鸭国家均有发生。1932年，纽约长岛3个鸭场的北京鸭中首次正式报道了该病。往前追溯，1904年Riemer曾报道过鹅发生类似的疾病。鸭疫里默氏杆菌是一种革兰氏阴性的小杆菌，有21种以上的血清型，不同血清型之间的交叉保护力较低。该病没有公共卫生学意义。

12.2 流行病学

生产中，传染性浆膜炎主要发生于家鸭、鹅和火鸡（国内饲养较少）。10 ～ 50周龄是本病的多发期，10周龄以上零星发生，成年鸭、鹅不发病。本病的发生有一定的季节性特征，在温度较低的冬春季相对多发。环境卫生差、饲养密度过高、通风不良的饲养场多见。病鸭自口、鼻、眼分泌物和粪便中排出病原菌，污染环境或器具，主要经呼吸道或伤口感染，特别是经足部皮肤伤口感染，潜伏期一般为2 ～ 5天。发病率10% ～ 40%不等，发病鸭死亡率5% ～ 80%不等。

12.3 临床表现

感染鸭、鹅临床表现为精神沉郁、蹲伏、缩脖、采食减少、消瘦，排白色奶油状黏稠粪便，后期站立不稳、原地转圈、共济失调（视频3-12）、头颈震颤、衰竭而死。自然耐过或治愈鸭、鹅头颈歪斜、生长迟缓。

视频3-12

（扫码观看：传染性浆膜炎，病鸭运动障碍，共济失调）

12.4 剖检变化

病（死）鸭最明显的剖检病变为心包炎，表现为心包增厚并与胸骨粘连，心包膜上有大量的灰白色或黄白色纤维素性或干酪样渗出物（图3-58、视频3-13）；肝周炎，表现为肝脏肿大，表面有一层灰白色或灰黄色的纤维素性膜（图3-58、视频3-14），大部分可剥离，病程长的或严重的不易剥离；气囊炎，表现为气囊膜增厚，不透明，表面有白色或黄色、厚薄不一的干酪样渗出物（图3-59、视频3-15）；脑膜炎，表现为脑膜充血或出血。

视频3-13

（扫码观看：传染性浆膜炎，心包膜增厚，上有大量黄白色干酪样渗出物，心包膜与胸骨粘连）

视频3-14

（扫码观看：传染性浆膜炎，肝脏表面有一层灰白色纤维素性膜覆盖，可剥离）

视频3-15

（扫码观看：传染性浆膜炎，气囊膜增厚，不透明，表面有黄色较厚的干酪样渗出物沉积）

图3-58　传染性浆膜炎的心包炎和肝周炎（程龙飞 供图）

图3-59　传染性浆膜炎的气囊炎（程龙飞 供图）

12.5 诊断

根据该病的发生特点（主要发生于雏鸭或雏鹅、发病过程相对缓慢、病程持续时间长、病程后期的鸭有典型的运动障碍和神经症状等），结合剖检时所观察到的心包炎、肝周炎和气囊炎等病变，可做出初步诊断。在临诊中，该病的剖检病变与雏鸭（鹅）大肠杆菌病、鸭衣原体病、禽流感、沙门氏菌病等有相似之处，可根据各病的临诊特点和实验室检查结果等加以区别。

12.6 防治

保持合适的饲养密度，育雏舍注意通风、保持干燥、及时清粪，将空舍时间维持10天及以上等，能有效地减少本病的发生率或减轻发病的严重程度。疫苗接种是预防本病的重要措施。雏鸭（鹅）于5～7日龄接种传染性浆膜炎油佐剂疫苗可有效地预防本病的发生，接种一次后其免疫力可维持到上市日龄，饲养周期较长的鸭或鹅品种，可视发病情况于50日龄左右再次免疫。另外，还可选用鸭传染性浆膜炎蜂胶疫苗或铝胶疫苗。

但特别要注意的是，由于鸭疫里默氏杆菌的血清型多达21种以上，且不同血清型之间几乎没有交叉保护作用，因此应根据本场或本地区流行菌株的血清型选择适当的疫苗或自家苗，以保证免疫效果的确实。

鸭疫里默氏杆菌敏感的药物不多且易产生耐药性，临床应用时要注意观察效果。可供选择的药物有氟苯尼考、头孢类抗生素、阿米卡星、大观霉素、新霉素、庆大霉素及少数磺胺类药物（如磺胺间甲氧嘧啶）等。有条件的饲养场可根据分离细菌的药敏试验结果选用敏感药物进行治疗。

13 大肠杆菌病

13.1 概述

大肠杆菌病是由某些血清型的致病性大肠埃希菌引起的急性或慢性传染病的总称。由于饲养管理不良、人工授精不规范、免疫抑制性疾病的影响等，鸭、鹅大肠杆菌病的流行日趋严重，病型的表现多种多样，给水禽养殖业造成重大的经济损失。

13.2 流行病学

大肠杆菌是自然环境中的常在菌，也是水禽肠道中的常在菌，其中有一小部分是致病性血清型。当水禽由于气候、应激、长途运输、疾病等的影响而抵抗力下降时，可能受致病性大肠杆菌感染而发病。各种品种、各种日龄的鸭和鹅均可感染发病，小日龄禽的易感性更高且发病更严重、死亡率更高。本病的发病率和死亡率因饲养管理水平、环境卫生状况和治疗方案的不同而呈现非常大的差异。致病性大肠杆菌可以经蛋传播导致胚胎感染，引起胚胎和幼雏死亡，还可经消化道、呼吸道、眼结膜、伤口和生殖道（交配或人工授精）传播。本病一年四季均可发生，在多雨、闷热和潮湿季节发生较多。本病常并发或继发于其他引起免疫抑制的疾病，如鸭圆环病毒感染、番鸭呼肠孤病毒病等。

13.3 临床表现及剖检变化

水禽大肠杆菌病的病变类型多种多样，常见的有脐炎、急性败血症、呼吸道感染和生殖道感染等。

13.3.1　脐炎

发生在孵化过程特别是孵化后期的感染。致病性大肠杆菌直接进入蛋内导致胚胎感染，引起胚胎死亡、出壳后弱雏增多、出壳时间推迟等；脐部多与蛋壳内壁粘连，出壳后的雏鸭或雏鹅腹部膨大，脐部肿胀，有的脐孔破溃，严重的脐部发黑、恶臭，多于3天内陆续死亡。剖检见卵黄未被吸收，呈黄色黏稠状，病程稍长者，卵黄囊肿大发硬或变黑色，内容物干酪样。

13.3.2　急性败血症

典型的大肠杆菌病是指这一型的病例，又称大肠杆菌败血症。发生于幼年水禽和成年水禽，常突然死亡。死亡水禽个体的体质良好，嗉囊内充满大量食物。主要病变为肝脏肿大、瘀血，肝脏表面有厚薄不一的、灰白色或淡黄色纤维素性渗出物覆盖（图3-60）；胆囊扩张，充满胆汁；气囊混浊，有不同程度的干酪样渗出物附着（图3-60）；脾脏、肾脏肿大。病程稍长者，心包增厚，被纤维素性渗出物包裹。

图3-60　肝脏表面的灰白色纤维素性渗出物，气囊上的淡黄色干酪样渗出物（程龙飞 供图）

13.3.3　呼吸道感染

多发生于育雏期的鸭和鹅。病禽精神不振，食欲减退，喜蹲伏于角落，咳嗽，啰音，张口呼吸，驱赶后病情加重，病死率低但病程会拖得很长。剖检见气囊混浊，附着有灰白色或淡黄色、湿润或干燥、厚薄不一的干酪样物（图3-61）；肝脏表面有厚薄不一的、灰白色或淡黄色纤维素性渗出物覆盖；心包膜增厚，有大量的纤维素性渗出物附着且与胸骨粘连。

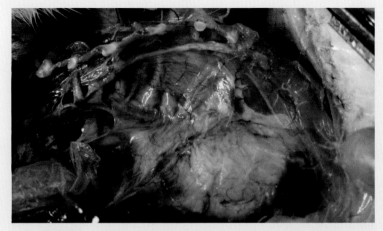

图3-61　气囊表面附着有淡黄色干酪样物（程龙飞 供图）

13.3.4　生殖道感染

多发生于产蛋期特别是产蛋后期的水禽，公鸭和公鹅也有发生。病禽精神不振，食欲减退，下痢，排黄白色恶臭稀粪且带有气泡，肛门周围污秽，严重时有脱肛现象。产蛋下降或停止，蛋变小或变形，蛋壳变软或粗糙。剖检见卵巢出血、变形或破裂；输卵管粘连、出血，有时输卵管内充满不成形的蛋清和蛋黄碎片（图3-62）；腹膜炎，腹腔中常有淡黄色、污浊恶臭的液体或破裂的卵黄液（图3-63），严重时整个腹腔粘成一块。公鸭和公鹅感染发病时，常见阴茎发炎、肿胀，外露不能回缩。

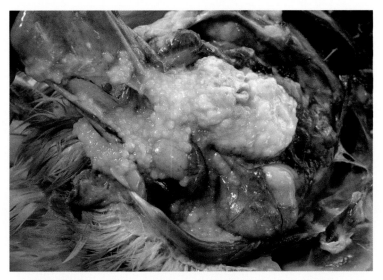

图3-62 输卵管内充满蛋清和蛋黄碎片（程龙飞 供图）

图3-63 卵巢出血，腹腔中有破裂的卵黄液（程龙飞 供图）

13.4　诊断

根据临床表现及病变特征，可以做出初步的诊断。确诊需结合病原的分离鉴定来进行。临床诊断应注意与鸭传染性浆膜炎、沙门氏菌病、禽霍乱等相鉴别。

13.5　防治

加强饲养管理，搞好禽舍、水池和环境的卫生消毒工作，避免各种应激因素，才能有效地控制本病的发生和发展。免疫接种可以取得较好的防治效果，但应选用与流行菌株血清型相同的疫苗，一般于25日龄首免，开产前半个月再免疫一次。许多抗菌药物如硫酸庆大霉素、硫酸新霉素、硫酸卡那霉素、金霉素、氨苄西林、头孢类和磺胺类药物等均对本病有一定的治疗作用，但由于大肠杆菌易产生耐药性，因此尽可能通过药敏试验筛选出敏感药物供临床上使用。大肠杆菌病往往继发或并发于其他的疾病，或是机体抵抗力下降时发生。经常发病的鸭场或鹅场，在治疗的同时还应做好其他传染病的综合防治工作。

14　禽霍乱

14.1　概述

禽霍乱是由禽多杀性巴氏杆菌引起的主要侵害鸡、鸭、鹅等各种禽类的一种接触性传染病。本病早在1880年就被发现，现在仍在世界各地流行。成年水禽特别是产蛋期多见，常急性发作，病程短促，死亡率高。虽然许多抗菌药物能迅速控制本病，但停药后极易复发，造成的损失极大。本病一旦流行，不易根除。

14.2　流行病学

各种日龄和各品种的鸭、鹅均可感染本病，临床上30日龄以下的水禽发病较少见，产蛋禽多见发病。病禽和带菌禽是主要的传染源，主要通过消化道和呼吸道传染，也可经皮肤外伤感染。强毒力菌株感染后多呈败血性经过，急性发病，病死率高，可达30%及以上；较弱的菌株感染后病程较慢，死亡率亦不高，常呈散发性。健康鸭和鹅带菌的比例也很高，有时发生在应激因素如天气突变、断水断料、突然改变饲料、场地迁移等之后。本病一年四季均可发生，高温、潮湿且多雨的夏秋季节多见。在我国，南方数省的流行比北方多见。

14.3　临床表现

常突然发病，在料槽、水槽附近发现死亡鸭、鹅，且往往是营养状况良好的个体，嗉囊中常充满食物。随后可见发病个体，病禽体温升高，口、鼻分泌物增多，引起呼吸困难，严重时摇头，企图甩出喉头黏液，腹泻，排黄绿色稀粪，后期粪便中带血（图3-64）。产蛋禽群产蛋量减少。

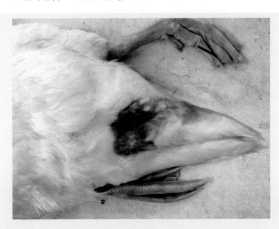

图3-64　粪便中带血（程龙飞 供图）

14.4　剖检变化

　　典型的病变表现在心脏、肝脏、肺脏和肠道。心冠脂肪或/和心肌上有少量或大量的出血点（图3-65）；肝脏肿大，质地变脆，表面有大量针尖大至针头大的灰白色坏死灶（图3-66、视频3-16）；肺脏瘀血、水肿或出血，有时有渗出液（图3-67）；肠道出血，以十二指肠最为严重，小肠膨胀至正常的2倍大小，内容物呈胶冻样，肠淋巴结环状肿大、出血（图3-68）。有的病例脾脏肿大，也有白色的坏死点（图3-69）。产蛋禽卵泡出血、破裂。

视频3-16

（扫码观看：禽霍乱，肝脏肿大，质地变脆，表面有大量针头大的灰白色坏死灶，心肌出血）

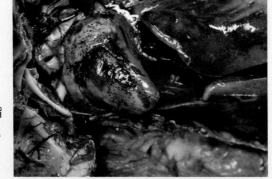

图3-65　心冠脂肪出血、心肌出血（程龙飞 供图）

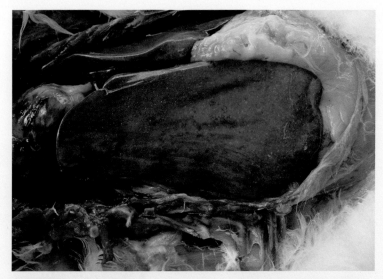

图3-66　肝脏上有大量针尖大小灰白色的坏死灶（程龙飞 供图）

图3-67　肺脏瘀血、水肿（程龙飞 供图）

图3-68　小肠膨胀，肠淋巴结环状肿大、出血（程龙飞 供图）

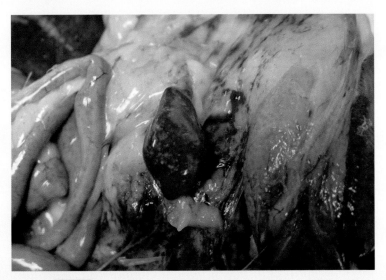

图3-69　脾脏肿大，有白色的坏死点（程龙飞 供图）

14.5　诊断

根据典型的剖检病变，结合流行病学特点，可做出初步诊断。进一步确诊还需结合细菌的分离鉴定。引起成年水禽急性发作并快速死亡的疾病还有禽流感，应注意鉴别。

14.6　防治

在本病的流行地区，免疫接种是非常重要的预防措施。商品化的疫苗有活疫苗和灭活疫苗。活疫苗使用前后，禽群不能应用抗生素。

磺胺类、喹诺酮类和头孢类等多种药物均对本病有较好的治疗效果，有条件的可以根据细菌的药敏试验结果选用敏感药物进行治疗。药物应用后，病情很快就能控制，但停药后极易复发，再次发病时，药物的效果大打折扣。建议水禽场一旦发病，应用药物的同时，最好紧急接种禽霍乱灭活疫苗。

15 沙门氏菌病

15.1 概述

沙门氏菌，革兰氏阴性，无芽孢，血清型非常多，是人类食物中毒的主要病原之一，具有非常重要的公共卫生学意义。根据感染宿主范围的不同，可将沙门氏菌分成3群。第一群感染范围窄，如鸡白痢沙门氏菌和鸡伤寒沙门氏菌仅使鸡和火鸡发病，不感染其他动物；第二群可以感染几种动物，感染范围相对宽，如猪霍乱沙门氏菌大多感染猪使其发病，偶尔也能感染其他动物；第三群感染数量最多，可以感染各种动物。引起鸭、鹅发病的沙门氏菌即是第三群的沙门氏菌，主要有鼠伤寒沙门氏菌、肠炎沙门氏菌和鸭沙门氏菌。

15.2 流行病学

沙门氏菌病可发生于各品种鸭和鹅，1～3周龄最易感，成年鸭、鹅感染后不发病，但是其肠道内、种蛋外壳、种蛋内均长期带菌，是主要的传染源。本病一年四季均有发生，在秋冬季节发生相对较多。该菌既可经蛋垂直传播，又可通过污染的饲料、饮水等直接感染，还能经垫料、用具、人员、鼠类的活动等媒介传播。潜伏期一般为4～5天。发病率10%～20%，发病鸭死亡率5%～20%不等。禽舍的卫生状况不好或饲养管理不良，均会增加该病的发病率和死亡率。

15.3　临床表现

垂直传播的、经孵化器早期感染的，病禽常呈急性败血症经过，看不到症状即迅速死亡，孵化率偏低，且孵化后期死亡率偏高，出壳后弱雏偏多。水平感染的，常呈亚急性经过，病禽呆立、精神不振、羽毛松乱、昏睡打堆、排绿色或黄色水样粪便、常突然倒地死亡，病程稍长的，消瘦、衰竭而死。成年鸭、鹅感染后一般不表现症状，偶见下痢死亡。

15.4　剖检变化

急性死亡的雏鸭，剖检时没有特征性变化，一般可见肝脏肿大、充血或有坏死灶，肠道出血等。亚急性经过死亡的鸭，剖检变化多种多样。卵黄吸收不良（图3-70、视频3-17），肝脏肿大、呈青铜色，肝表面及内部有时有数量不等、大小不一的灰白色坏死点；或者，肝脏表面覆盖厚薄不一、灰白色或淡黄色的纤维素性渗出物，心包膜增厚，有纤维素性渗出物沉积，心包内有积液（图3-71）。胆囊肿大，胆汁充盈（图3-72）；肠道外壁有灰白色、针尖大的坏死点，肠黏膜充血或出血、呈糠麸样坏死；盲肠肿大，内有干酪样质地较硬的栓子；肾脏肿大（图3-72），有白色尿酸盐沉积而呈花斑样。

视频3-17

（扫码观看：沙门氏菌病，卵黄吸收不良，卵黄囊肿大、色黑、发硬）

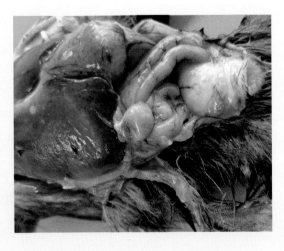

图3-70　卵黄吸收不良，泄殖腔被粪便堵塞致直肠内充满粪便（程龙飞 供图）

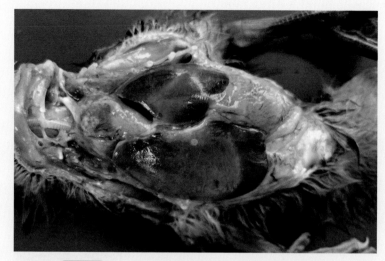

图3-71 肝脏表面覆盖厚薄不一的灰白色渗出物，心包膜增厚（程龙飞 供图）

图3-72 胆汁充盈，肾肿大（程龙飞 供图）

15.5　诊断

该病的初步诊断有一定的难度，其临床表现和剖检变化没有特征性，常导致误诊。孵化后期死亡率偏高且出壳后弱雏偏多的，应当怀疑本病的可能性。水平感染发病的，与大肠杆菌病、雏番鸭呼肠孤病毒病、传染性浆膜炎等有相似之处，可根据各病的临诊特点和实验室检查结果等加以区别。

15.6　防治

本病应采取综合性的防治措施。首先应加强和改善养鸭场和养鹅场的环境卫生，防止场地和器具污染沙门氏菌。其次要加强鸭群和鹅群的饲养管理，提高机体的抵抗力。最重要的是及时收集种蛋，清除蛋壳表面的污物，入孵前应熏蒸消毒，对可疑沙门氏菌病禽所产的蛋一律不作种用。目前，本病尚无有效的疫苗。

可供选择的药物有头孢类抗生素、喹诺酮类、氟苯尼考和磺胺类等药物，但沙门氏菌易产生耐药性，有条件的饲养场可根据分离细菌的药敏试验结果选用敏感药物进行治疗。

16　绦虫病

16.1　概述

鸭、鹅绦虫病主要是由膜壳科和戴维科中的几十种绦虫寄生在鸭、鹅小肠和直肠内的一类寄生虫病的总称。其中常见的绦虫有矛形剑带绦虫、冠状双盔绦虫、片形绉缘绦虫、福建单睾绦虫、四角赖利绦虫等。

16.2　流行病学

本病主要感染鸭、鹅等水禽。不同日龄的水禽均易感，其中幼龄水禽和中龄水禽更易感，而成年水禽往往成为带虫者。传播途径主要是通过吞食了含中间宿主（如剑水蚤、普通镖水蚤以及甲壳类、螺类等）的青绿饲料（如水浮莲、日本水仙、青萍等）而被感染。本病一年四季均可发生，但夏秋季节相对较多。

16.3 临床表现

在少量感染时，鸭、鹅一般无明显的症状表现。严重感染时，可导致病鸭、病鹅消瘦，贫血，食欲不振，消化不良，并有腹泻表现。粪便时常夹带白色的绦虫节片，有时可见白色带状虫体悬挂在肛门上，水禽群中其他鸭、鹅会相互争啄这些虫体。极个别病鸭、病鹅可因绦虫阻塞小肠造成急性死亡，尤其以幼禽多见。中大鸭、鹅以隐性感染为主，一般不表现任何症状。

16.4 剖检变化

病死鸭、鹅可视黏膜苍白，小肠肿大明显。切开小肠可见有乳白色扁平的绦虫寄生（图3-73），将肠内容物收集，适当清洗后可以看得更清楚（图3-74）。有些种类的绦虫比较小或绦虫的幼虫比较小，易与肠内容物相混淆，肉眼不易看见。此外，可见患鸭、患鹅出现卡他性肠炎，肠壁有充血和出血病变。不同种类的绦虫寄生的部位不同，常见的寄生部位有小肠的前段、中段、后段（视频3-18）或与直肠交界处的肠壁内侧。

视频3-18

（扫码观看：绦虫病，鸭肠道后段的绦虫）

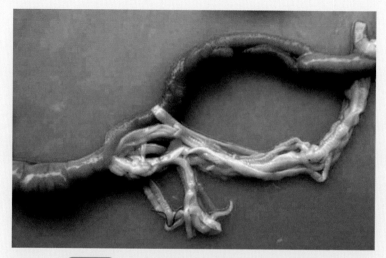

图3-73 小肠内寄生的大量绦虫（江斌 供图）

图3-74 小肠内容物中的绦虫（程龙飞 供图）

16.5　诊断

本病的确诊需要对肠道内的绦虫进行采集、固定并制片后进一步观测才能完成，特别是虫体的头节、节片及虫卵（图3-75～图3-79）。虫体采集时，为了保证虫体完整，勿用力猛拉，而应将附有虫体的肠段剪下，连同虫体一起浸入水中，经5～6小时后，虫体会自行脱落，体节也自行伸直。将收集到的虫体浸入70%酒精或5%福尔马林溶液中固定后，进一步测量大小和观察头节、节片。必要时还要采用染色并制片成标本后进一步观察。在观测虫体时，特别要测量虫体大小、头节形态、节片中生殖器官和虫卵形态，以确定属于哪一种绦虫。有时存在2种或2种以上膜壳科绦虫并发感染或与其他蠕虫混合感染，要加以鉴别诊断。

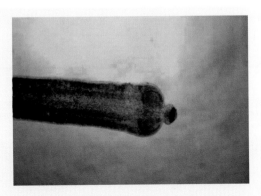

图3-75　冠状双盔绦虫的头节形态（江斌 供图）

图3-76　片形绉缘绦虫的头节形态（江斌 供图）

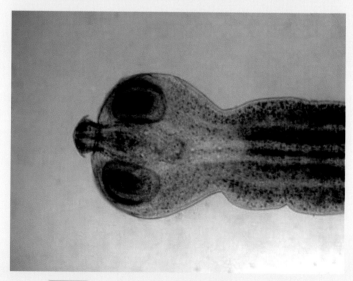

图3-77　福建单睾绦虫的头节形态（江斌 供图）

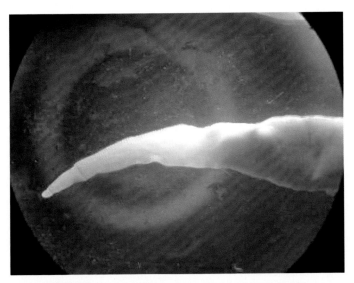

图3-78　矛形剑带绦虫的头节形态（江斌 供图）

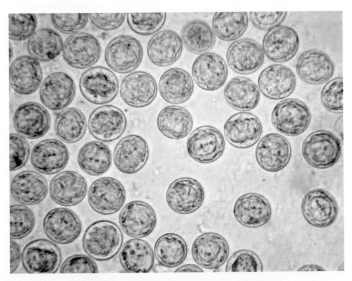

图3-79　绦虫的虫卵形态（江斌 供图）

16.6 防治

首先要加强饲养管理，改变鸭、鹅饲养方式，改放牧为舍饲，不让水禽在饲养过程中接触到中间宿主或含中间宿主的水生植物（青萍、浮萍等）等。养殖场的饮用水或栖息水池不应含有中间宿主。对经常放牧的水禽，可定期使用氯硝柳胺、吡喹酮、阿苯达唑、氢溴酸槟榔碱等驱虫药进行驱虫。

常用治疗绦虫的药物有氯硝柳胺（又称驱绦净，按每千克体重20～60毫克一次性投药）或硫氯酚（又称别丁，按每千克体重30～50毫克拌料）或阿苯达唑（按每千克体重20～25毫克拌料）或吡喹酮（按每千克体重10～20毫克拌料）。发生过本病的养殖场易形成疫源地，以后饲养每批禽都易发病，所以要特别加强场所消毒和粪便清理等净化措施，必要时要停场或换场饲养。

17　球虫病

17.1　概述

鸭、鹅球虫病的病原有所不同。鸭球虫病是由艾美耳科中的泰泽属、温扬属、等孢属、艾美耳属等4个属中的10多种球虫寄生于鸭肠道中的一类原虫病，常见的鸭球虫有毁灭泰泽球虫、菲莱氏温扬球虫、裴氏温扬球虫、鸳鸯等孢球虫、巴氏艾美耳球虫等。鹅球虫病是由艾美耳科中的艾美耳属、泰泽属中的10多种球虫寄生于鹅肠道或肾脏而引起的一类原虫病，常见的鹅球虫种类有截形艾美耳球虫、鹅艾美耳球虫、有害艾美耳球虫、考氏艾美耳球虫、棕黄艾美耳球虫、赫氏艾美耳球虫以及微小泰泽球虫等。上述球虫可单独导致水禽发病，也常见由2种或2种以上球虫共同感染致病。

17.2　流行病学

鸭球虫只感染鸭，对鸡、鹅等禽类不感染。鹅球虫只感染鹅，对鸡、鸭等禽类不感染。不同的球虫对鸭、鹅的致病性有所不同。以往文献报道只有泰泽属和温扬属球虫对鸭有致病性，随着饲养环境的改变和恶化，等孢属和艾美耳属球虫对鸭的致病性也逐渐增强。泰泽属球虫多见于小鸭，危害较大；温扬属球虫对小鸭和中大鸭都有致病性；等孢属球虫对小鸭易感性强；而艾美耳属球虫多见于中大鸭。鹅球虫中以截形艾美耳球虫致病性最强，可导致1～12周龄鹅出现肾球虫病；鹅艾美耳球虫、有害艾美耳球虫、考氏艾美耳球虫也有较强致病性，导致鹅出现小肠或大肠球虫病；而棕黄艾美耳球虫和赫氏艾美耳球虫的致病性相对较弱。

17.3 临床表现

急性鸭球虫病例往往突然发病，病鸭精神委顿，采食减少，排出巧克力样或黄白色稀粪，有些粪便中还带血（图3-80、图3-81）。有时可见粉红色粪便黏附在肛门口（图3-82）。病程短，发病急，1～2天后死亡数量急剧增加，用一般抗生素治疗均无效。发病率30%～90%，死亡率30%～70%。耐过病鸭逐渐恢复食欲，死亡减少，但生长速度相对减缓。慢性病例则出现消瘦，腹泻，排出巧克力样稀粪，死亡率相对较低。

图3-80　排血便症状（江斌 供图）

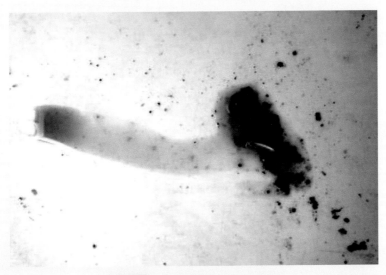

图3-81　粪便带血（江斌 供图）

图3-82　血便黏附在肛门周围羽毛（江斌 供图）

　　鹅球虫病的症状因球虫种类不同而异。肾球虫病主要见于1～12周龄鹅，表现急性发作，食欲缺乏，精神不振，步态摇摆，衰弱消瘦，腹泻，粪便带白色，双翅下垂，眼球下陷，发病率100%，死亡率可高达80%。肠球虫病见于各种日龄鹅，表现食欲缺乏，步态不稳，虚弱，腹泻，粪便为粉红色或黄白色，带黏液，发病率10%～80%，致死率因球虫种类而异，有些球虫种类死亡率可达50%。

17.4 剖检变化

鸭球虫病的主要病变集中于肠道，受害肠道肿胀（视频3-19），在小肠和盲肠外壁有许多白色小坏死点（图3-83），少数也有红色小出血点，切开肠道可见小肠为卡他性肠炎或出血性肠炎（图3-84），内容物为白色糊状物并带一些血液，有些病例的肠道内仅为水样内容物。肠内黏膜上可见许多点状出血。个别盲肠肿大，内容物为巧克力样粪便。

视频3-19

（扫码观看：鸭球虫病，小肠肿胀，外观呈暗褐色）

图3-83 小肠外壁有白色坏死点（江斌 供图）

图3-84　小肠内膜出血（江斌 供图）

　　鹅球虫病的主要病变因球虫种类而异。肾球虫病剖检可见肾脏肿大明显，有出血斑，表面及实质出现许多细小黄白色的坏死点，内含白色尿酸盐沉积。肠球虫病剖检可见小肠和大肠有不同程度的肿大（图3-85、视频3-20），以小肠中下段最明显，肠内充满淡红色或褐色的糊状内容物，肠壁增厚，肠黏膜充血、出血明显，有的出现纤维素性坏死或白色结节。其他器官病变不明显。

视频3-20

（扫码观看：鹅球虫病，小肠肿胀，外观呈暗褐色，死亡鹅肛门口有黄褐色粪便黏附）

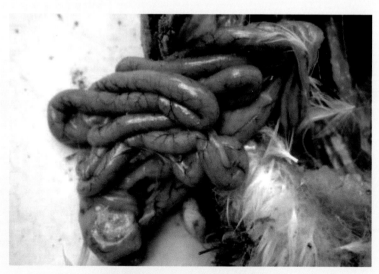

图3-85　小肠肿大（江斌 供图）

17.5 诊断

通过本病的流行病学、临床症状、病理变化，可做出初步诊断。在临床上需与禽巴氏杆菌病、大肠杆菌病、禽流感以及中毒性疾病进行鉴别诊断。本病的确诊有赖于对小肠内容物或肠壁刮取物进行涂片镜检，检出大量卵囊、裂殖体、裂殖子即可确诊（图3-86～图3-88）。在急性病例中往往只能检出大量香蕉型的裂殖子，而检不到卵囊。至于是哪一种球虫以及是否有2种或2种以上的球虫混合感染，需对病禽后段肠内容物和粪便进行盐水漂浮集卵后加2.5%重铬酸钾溶液，在27℃培养箱中培养2～5天后，根据卵囊的大小、形态、孵化时间以及孢子囊、子孢子的数量和形态结构来进行判断（图3-89）。

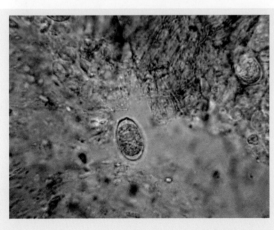

图3-86 温扬球虫的卵囊形态（江斌 供图）

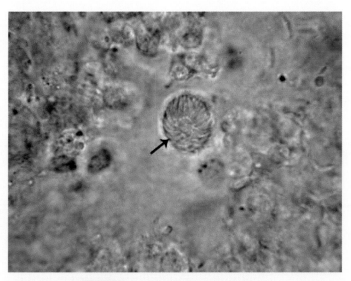

图3-87 裂殖体形态（江斌 供图）

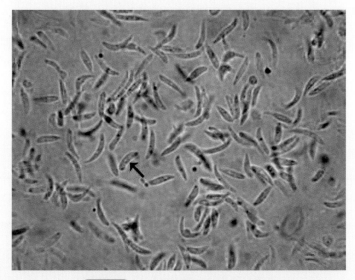

图3-88 裂殖子形态（江斌 供图）

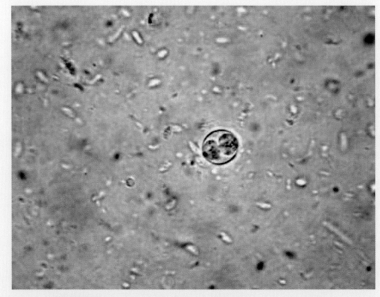

图3-89　等孢球虫的孢子化卵囊形态（江斌 供图）

17.6　防治

改善饲养管理条件，保持养殖场内环境卫生和干燥，尽可能采用网上饲养，可减少本病的发生。值得一提的是，有发生过球虫病的场所易形成疫源地，以后每批鸭或鹅都易患球虫病，要提早采用药物定期预防。

可选用磺胺间甲氧嘧啶（按0.02%拌料，连用3

天）或磺胺喹噁啉（按0.05%拌料，连用3天）或地克珠利（按0.0001%拌料，连用3天）或磺胺氯吡嗪钠（按0.025%拌料，连用3天）均有较好效果。对于严重病例（不吃料），可采用全群肌内注射10%磺胺间甲氧嘧啶钠注射液（按每千克体重0.3～0.4毫升），可获得较好效果。为了提高治疗效果，在临床上可同时使用2种抗球虫药（如磺胺类药物配合使用地克珠利）进行治疗。用药治疗10～20天后，依病情酌情重复用药一个疗程。

18 吸虫病

18.1 概述

鸭、鹅吸虫病是由吸虫纲中众多吸虫种类寄生在鸭、鹅体内的一类寄生虫病的总称。常见的水禽吸虫有卷棘口吸虫（图3-90）、宫川棘口吸虫（图3-91）、曲颈棘缘吸虫（图3-92）、凹形隐叶吸虫（图3-93）、背孔吸虫（图3-94）、前殖吸虫、嗜眼吸虫、舟形嗜气管吸虫（图3-95）、小异幻吸虫（图3-96）、后睾吸虫、东方杯叶吸虫（图3-97）以及盲肠杯叶吸虫（图3-98）等。其中以卷棘口吸虫、宫川棘口吸虫、背孔吸虫、后睾吸虫的感染率较高，可达30%；以盲肠杯叶吸虫、东方杯叶吸虫导致的死亡率较高，可达50%以上。

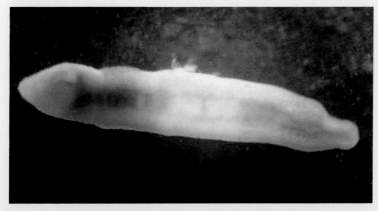

图3-90　卷棘口吸虫的虫体形态（江斌 供图）

图3-91　宫川棘口吸虫的虫体形态（江斌 供图）

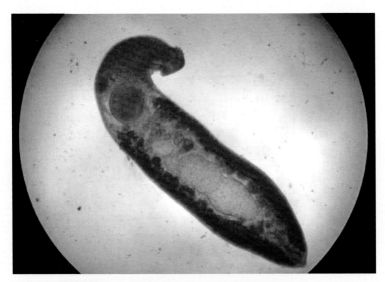

图3-92 曲颈棘缘吸虫的虫体形态（江斌 供图）

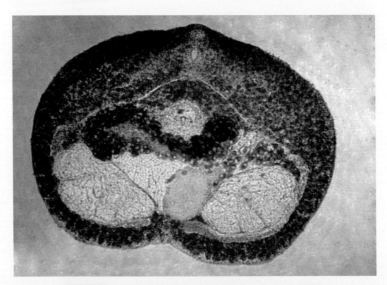

图3-93 凹形隐叶吸虫的虫体形态（江斌 供图）

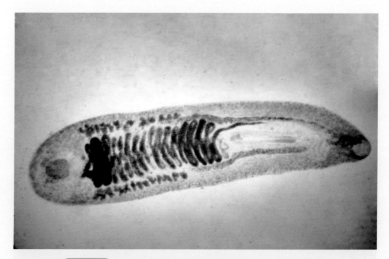

图3-94 纤细背孔吸虫的虫体形态（江斌 供图）

图3-95 舟形嗜气管吸虫的虫体形态（江斌 供图）

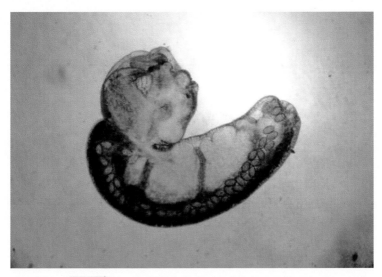

图3-96 小异幻吸虫的虫体形态（江斌 供图）

图3-97 东方杯叶吸虫的虫体形态（江斌 供图）

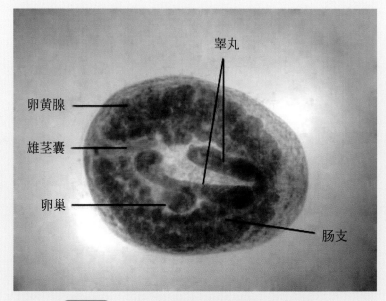

睾丸

卵黄腺

雄茎囊

卵巢

肠支

图3-98　盲肠杯叶吸虫的虫体形态（江斌 供图）

18.2　流行病学

不同种类的吸虫，其易感水禽品种有所不同。如盲肠杯叶吸虫可感染番鸭、半番鸭、鹅，但对产蛋麻鸭不易感。水禽吸虫的生活史一般都经历1～2个中间宿主。其中第一中间宿主为淡水螺，第二中间宿主有淡水螺、鱼、蜻蜓、蝌蚪以及其他水生动植物。本病的发生与水禽在野外放牧觅食到相应的中间宿主（特别是第二中间宿主）有关。一年四季均可发生，其中以夏秋季节相对多发，这与中间宿主在夏天、秋天繁殖多有关。

18.3 临床表现

水禽吸虫病的一般性症状有食欲不振、生长发育受阻、贫血、消瘦、腹泻，甚至死亡等。此外不同的水禽吸虫病，其表现症状有所不同，如舟形嗜气管吸虫病表现咳嗽症状明显；盲肠杯叶吸虫病表现腹泻和高死亡率；前殖吸虫病在蛋鸭或蛋鹅表现为输卵管炎症（如易产软壳蛋和畸形蛋）；嗜眼吸虫病表现为禽眼睛炎症、肿胀等。

18.4 剖检变化

不同的水禽吸虫病，其病理变化也差异较大，如小异幻吸虫病会导致水禽十二指肠肿大明显，舟形嗜气管吸虫病会导致水禽气管炎症、出血和阻塞（图3-99），盲肠杯叶吸虫病会导致水禽盲肠异常肿大、坏死（图3-100），前殖吸虫病会导致水禽输卵管炎症、水肿，凹形隐叶吸虫病会导致水禽小肠肿大、坏死（图3-101），背孔吸虫病会导致水禽盲肠肿大、炎症。

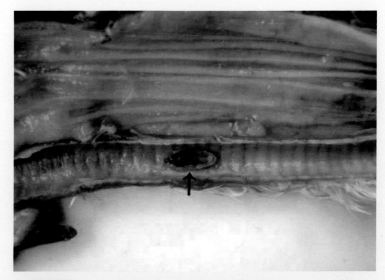

图3-99　舟形嗜气管吸虫寄生在气管内导致病变（江斌 供图）

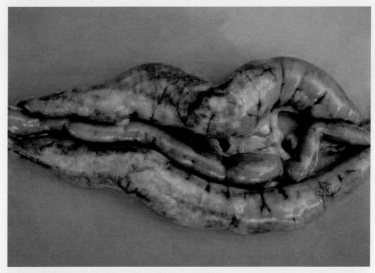

图3-100　盲肠杯叶吸虫病导致盲肠肿大、坏死病变（江斌 供图）

图3-101 凹形隐叶吸虫病导致小肠严重病变（江斌 供图）

18.5 诊断

根据鸭、鹅吸虫病主要临床症状和病理变化以及从相应的靶器官内检出寄生虫，可做出初步的诊断。此外，从粪便中检出不同吸虫的虫卵也可以做出初步诊断（图3-102）。至于是哪一种吸虫，需对检出虫体进行卡红染色后，观测虫体外观形态以及内部器官形态和大小来确诊。随着现代生物技术的快速发展，利用PCR技术来诊断和鉴定寄生虫的虫种已得到广泛的应用。

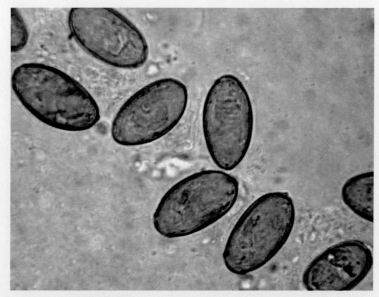

图3-102　吸虫的虫卵形态（江斌 供图）

18.6　防治

转变鸭、鹅饲养方式，改放牧为舍饲，不让鸭、鹅在饲养过程中接触到中间宿主（淡水螺、鱼类、蝌蚪等），在平常舍饲过程中，也不要饲喂生鱼、蝌蚪、贝类以及含有中间宿主的浮萍、水草等。在本病流行地区，对放牧鸭、鹅要定期使用广谱抗蠕虫药物（如阿苯达唑、芬苯达唑、氯硝柳胺）等进行预防性驱虫，每隔20～30天驱1次。必要时可施用化学药物消灭中间宿主，以预防和控制本病的发生。

治疗药物可选用阿苯达唑（按每千克体重10～25毫克拌料，连用2～3天）或芬苯达唑（按每千克体重10～50毫克拌料，连用2～3天）或氯硝柳胺（按每千克体重50～60毫克拌料，连用2～3天）等，均有效果。治疗后排出的虫体及粪便应采取堆积发酵处理，以达到消灭虫卵的目的。此外，对于体质较差的病鸭、病鹅，可在饲料中适当添加多种维生素，以提高鸭、鹅的抵抗力，这对加速康复有所帮助。

19 体外寄生虫病

19.1 概述

体外寄生虫病是指某些节肢动物寄生于鸭、鹅皮肤或羽毛上导致的一类寄生虫病，包括螨、虱、蚊、蚋、蠓等，其中常见的有皮刺螨（图3-103）、鸡羽虱（图3-104）、白眉鸭巨羽虱（又称鸭羽虱）、有齿鹅鸭羽虱（图3-105）和黄色柱虱（图3-106）等。有些体外寄生虫只寄生于鸭，有些种类可同时寄生于鸡、鸭、鹅等禽类的皮肤和羽毛上。在轻度感染的情况下，对鸭、鹅的生长和生产影响不大；在严重感染时，可导致感染病禽出现瘙痒不安、脱毛、食欲不振，从而影响产蛋水禽的生长与生产。

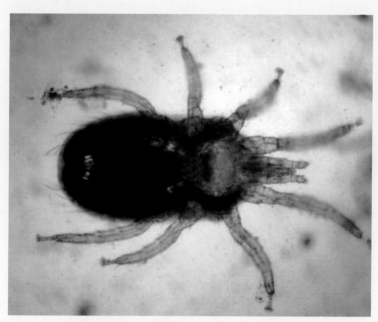

图3-103　皮刺螨的虫体形态（江斌 供图）

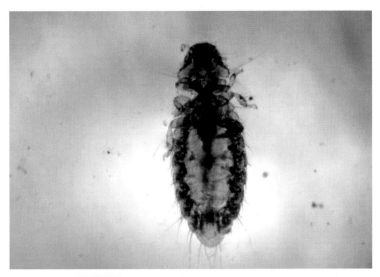

图3-104　鸡羽虱的虫体形态（江斌 供图）

图3-105　有齿鹅鸭羽虱的虫体形态（江斌 供图）

黄色柱虱的虫体形态（江斌 供图）

19.2　流行病学

不同种类的体外寄生虫，其流行病学有所不同，这里重点介绍皮刺螨和羽虱。

19.2.1　皮刺螨

皮刺螨的发育属于不完全变态，是专性吸血螨类。生活史经历虫卵、幼螨期、2个若螨期以及成螨期。成年雌螨在每次吸血后1天内，在禽舍缝隙或垫料中产卵，在气温20～25℃的条件下，虫卵经2～3天孵出3对足的幼螨。幼螨不吸血，经1～2天蜕化为4对足的第Ⅰ期若螨，吸血后1～2天蜕化为第Ⅱ期若螨，再吸血1～2天后蜕化为成螨。从卵发育为成螨，夏天需要7～9天，冬天则需要14～21天。皮刺螨可寄生于鸡、鸭、鹅等禽类，主要在夜间侵袭家禽并吸血，白天多隐藏在窝巢内繁殖。成螨耐饥渴能力较强，3～4个月不吸血仍能存活。有时皮刺螨也刺吸人血，导致人出现皮炎和红疹。

19.2.2　羽虱

羽虱的发育属不完全变态，整个发育过程分为卵、若虫和成虫三个阶段。雌雄成虫交配后，雄虱即死亡，而雌虱于2～3天后开始产卵，每虱一昼夜产卵1～4枚，卵为黄白色，长椭圆形，常黏附在家禽的羽毛上，经9～20天发育孵出若虫，若虫经几次蜕化后变为成虫。雌虱的产卵期为2～3周，卵产完后即死亡。羽虱营终生寄生生活，整个发育过程和生活都在禽类皮肤和羽毛上，以啮食羽毛或皮屑为生。每一种羽虱都有一定的宿主，具有宿主特异性，对寄生部位也有一定的要求。一年四季中以冬春季较多发，夏秋季节相对较少，圈养的水禽比放牧水禽易感，陈旧的禽舍或陈旧的垫料易导致水禽感染羽虱。不同禽类个体以及不同禽类之间可通过直接或垫料等间接接触而感染。

19.3　临床表现

在轻度感染情况下，体外寄生虫对鸭、鹅的生产和生长影响不大；在严重感染时，可导致水禽全身或部分脱毛、掉毛，舍内和运动场所内可见大量羽毛，病鸭或病鹅食欲不振，全身瘙痒，相互啄食或啄食自身羽毛，渐进性消瘦，贫血，生长发育缓慢，还会导致产蛋鸭或产蛋鹅产蛋率逐渐下降，极个别还会导致病鸭死亡。仔细查看，在羽毛上或皮肤上可见一些皮刺螨或羽虱在爬动（图3-107）。

图3-107　有齿鹅鸭羽虱寄生在羽毛上（江斌 供图）

19.4 剖检变化

病鸭或病鹅出现贫血、消瘦，全身或局部皮肤掉羽，严重时可见局部皮肤炎症、坏死。内脏器官无明显的病理变化。

19.5 诊断

根据流行病学、临床表现、剖检变化，可做出初步诊断。寄生在鸭、鹅皮肤和羽毛上的体外寄生虫种类较多，不同种类的体外寄生虫有不同的结构特征和宿主的特异性，需对在皮肤或羽毛上收集到的虫体经70%酒精固定，并经10%氢氧化钠消化杂质、清洗后用霍氏液封片，在光学显微镜下进一步观察虫体的大小和结构，最后参考相关分类图谱进行虫体鉴定而确诊。

19.6 防治

不同种类的体外寄生虫，其防治方案有所不同，主要分为螨类和虱类。

19.6.1　皮刺螨

从外购买或引进新的种鸭或种鹅，应事先了解该地区或该养殖场是否有皮刺螨存在，并隔离观察15～30天，证明健康后才能合群。购买舍架或垫料时，也要杜绝带虫。每个季度要对水禽群进行体表检查，发现螨虫要及时驱杀。平时要做好舍内环境卫生，堵塞舍内的缝隙，产蛋箱要经常清洁和消毒，饲槽和饮水器也要保持清洁，并定期用杀虫剂喷洒。对有皮刺螨的禽舍可以采用0.2%～0.3%马拉硫磷或0.025%～0.05%双甲脒或0.01%～0.02%溴氰菊酯或0.02%～0.04%氰戊菊酯进行喷洒，每周2～3次，以后还需定期喷洒。由于有机磷杀虫剂（如马拉硫磷、双甲脒）对鹅比较敏感，在临床上要慎用。此外可采用伊维菌素预混剂，按比例进行拌料治疗，连喂3～5天，定期更换垫草，并及时烧毁旧垫草。

19.6.2　羽虱

要加强对养殖场的饲养管理，对陈旧的养殖舍要定期进行消毒和灭虫处理。对舍内的陈旧垫料要勤换。水禽群若经常出现掉毛和大面积换羽毛，要及时查寻病因。本病的治疗可采取3个方面的措施：第一，对病水禽群及其活动场所用0.01%～0.02%的溴氰菊酯或0.02%～0.04%的氰戊菊酯进行喷洒，每周2～3次，以后还需定期喷洒；第二，在一个配有许多小孔的纸罐内装入0.5%敌百虫或硫黄粉，然后再均匀地喷洒在羽虱寄生部位；第三，对舍内的垫料及架子要进行杀虫处理，防止通过这些媒介造成羽虱的相互传播。

20 痛风

20.1 概述

痛风是蛋白质代谢发生障碍所引起的一种疾病，其病理特征为血液尿酸水平增高，尿酸盐在关节囊、关节软骨、内脏、肾小管及输尿管和其他间质组织中沉积。主要临床表现为厌食、衰竭、腹泻、腿翅关节肿胀、运动迟缓、产蛋率下降和死亡率上升。近年来，本病发生有增多趋势，已成为常见代谢病之一。

20.2　病因

引起痛风的原因较为复杂，归纳起来有以下几种。

20.2.1　饲料因素

为了片面追求生长速度，忽视科学调配饲料，添加了大量富含核蛋白和嘌呤碱的蛋白质饲料如大豆、豌豆、鱼粉、动物内脏等。

20.2.2　传染病因素

凡能引起肾脏机能损伤的传染性疾病如腺病毒病、沙门氏菌病等，均可造成尿酸盐的排泄受阻而引起痛风。

20.2.3　营养性因素

日粮中长期缺乏维生素A；饲料中含钙太多，含磷不足，或钙、磷比例失调引起钙异位沉着；食盐过多，饮水不足等均会促进本病的发生。

20.2.4　中毒性因素

重金属、化学毒物、霉菌毒素、药物、草酸等，长期使用或过量使用，均会引起肾脏的损伤，而导致痛风的发生。

20.2.5　其他因素

饲养在潮湿和阴暗的场所、运动不足、年老、纯系育种、受凉、孵化时湿度太大等因素皆可能成为促进本病发生的诱因。

20.3　临床表现

根据尿酸盐沉积的部位不同，临床上可分为内脏型痛风和关节型痛风。

20.3.1　内脏型痛风

一周龄内的雏鸭和雏鹅发病时，病禽精神不振，食欲减退，无力行走，喜卧，常在几天内死亡。大日龄和成年鸭、鹅发病时，病程稍长，逐渐消瘦，冠苍白，排出白色石灰水样稀粪，泄殖腔周围的羽毛常被污染。

20.3.2　关节型痛风

主要见于大日龄和成年鸭、鹅，多见于跗关节、趾关节和翅关节等。表现为一侧或两侧关节肿胀（图3-108），起初软而痛，界限多不明显，以后肿胀部逐渐变硬，微痛，形成不能移动或稍能移动的结节，结节有豌豆大或蚕豆大小。病程稍久，结节软化或破裂，排出灰黄色干酪样物。局部形成出血性溃疡。病禽往往蹲坐或呈独脚站立姿势，行动迟缓，跛行（视频3-21）。

视频3-21

（扫码观看：痛风，病鸭关节
肿胀，站立不稳，跛行）

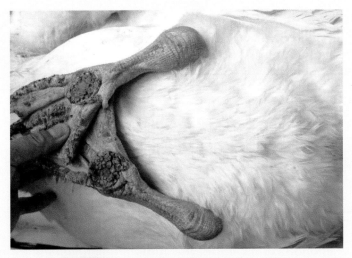

图3-108 一侧跗关节肿大（程龙飞 供图）

20.4 剖检变化

20.4.1 内脏型痛风

剖检见皮下、肌肉内有白色灰粉样尿酸盐沉着（图3-109）；打开腹腔见整个腹腔的脏器浆膜面有尿酸盐沉积；心包腔内，肝脏、肾脏、脾脏、睾丸等内脏器官的浆膜表面覆盖一层石灰样粉末或薄片状的尿酸盐（图3-110）；有的胸骨内壁有灰白色的尿酸盐沉积；肾脏肿大，色淡，内部充满尿酸盐而使其外观呈花斑样，输尿管变粗，充满白色尿酸盐（图3-111）。

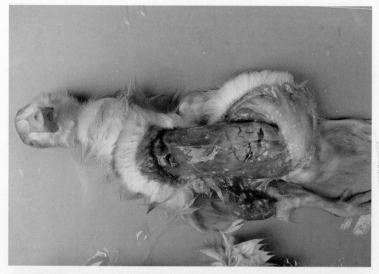

图3-109　皮下、肌肉内有白色灰粉样尿酸盐沉着（程龙飞 供图）

图3-110　心包腔内和肝脏表面的灰白色尿酸盐沉积（程龙飞 供图）

图3-111　肾脏肿大，内部充满尿酸盐而使其外观呈花斑样，输尿管变粗，充满白色尿酸盐（程龙飞 供图）

20.4.2　关节型痛风

切开肿胀的关节，可见白色黏稠的尿酸盐沉着，滑液含有大量由尿酸、尿酸铵、尿酸钙形成的结晶，沉着物常常形成一种所谓的"痛风石"。有的病例见关节面及关节软骨组织发生溃烂、坏死。

20.5　**诊断**

根据症状、病理变化可做出初步诊断，确诊需要进行饲料的成分分析以及相关病原的分离和鉴定。该病特点为排出石灰水样稀粪、肾脏有尿酸盐沉积而呈"花斑肾"，与鸭3型腺病毒病、鹅星状病毒病等相似，应注意区别。

20.6　防治

因代谢性碱中毒是痛风重要的诱发因素，因此日粮中添加一些酸制剂（蛋氨酸、硫酸铵、氯化铵等）可降低此病的发病率。日粮中钙、磷和粗蛋白的允许量应该满足需要量但不能超过需要量。此外，保证饲料不被霉菌污染、保证不断水等也是预防该病的重要措施。

目前尚没有特别有效的治疗方法。可试用阿托方（又名苯基喹啉羟酸）增强尿酸的排泄以减少体内尿酸的蓄积和关节疼痛，别嘌呤醇（7-碳-8氯次黄嘌呤）减少尿酸的形成。对患病家禽使用各种类型的肾肿解毒药，可促进尿酸盐的排泄，对家禽体内电解质平衡的恢复有一定的作用。治疗的同时，加强护理，减少喂料量，比平时减少20%，连续5天，多饮水，以促进尿酸盐的排出。

21 钙磷缺乏综合征

21.1 概述

鸭鹅钙磷缺乏综合征是一种骨营养不良性代谢病，临床上以消化紊乱、异嗜癖、骨骼变形及跛行为特征，以幼水禽及产蛋水禽多见。

21.2 病因

21.2.1 饲料中钙、磷的含量不足

不同生长周期的水禽对钙、磷的需求不同，产蛋高峰期的蛋鸭或蛋鹅对钙的需求量大，应当提供与生长周期相适应的全价饲料，保证机体对钙、磷的需求，否则，持续一段时间后就会出现程度不同的症状。

21.2.2　饲料中维生素D的影响

饲料中维生素D含量不足，维生素D与钙、磷的代谢密切相关。

21.2.3　饲料中钙磷比例失调

长期饲喂高磷饲料（如麸皮）会影响钙的吸收利用，从而造成缺钙。

21.2.4　饲料中离子对磷的影响

饲料中的钙、铁、铝、镁等离子过多，影响饲料中磷的吸收，从而导致水禽缺磷。

21.3　临床表现

幼水禽表现软脚无力，行动困难，跛行，常以关节着地或呈蹲状休息（图3-112），喙与爪变软、易弯曲，也易骨折，关节肿大，生长缓慢或停滞。有时表现异嗜癖。产蛋水禽则表现软脚，产蛋率下降，产软壳蛋或变形蛋比例偏高，但采食量基本正常，粪便也基本正常。

图3-112 蹲状休息（江斌 供图）

21.4 剖检变化

骨骼变软、易骨折，骨端肿大，关节变形，肋骨与肋软骨结合处肿胀并呈串珠样。其他内脏器官病变不明显。

21.5 诊断

根据病史、临床表现、剖检变化，可做出初步诊断。

必要时取饲料进行维生素 D、钙、磷含量测定或抽血进行血清钙、磷及血清碱性磷酸酶活性测定来诊断本病。

21.6　防治

饲料配方要根据水禽不同阶段的生长或生产需求进行调整。饲料厂要对每一批饲料原料进行相关成分含量测定，若含量有变化时要及时调整饲料配方。水禽在放牧过程中还要保证适当运动和充足阳光照射，促进其体内维生素 D 的合成利用。

在发病初期要及时调整饲料配方，其中补钙以添加贝壳粉或石粉为主，补磷以添加骨粉或磷酸氢钙为主，个别软脚病水禽可喂鱼肝油或维生素 AD_3 片，也可肌内注射维丁胶性钙或果酸钙注射液进行治疗。

22　维生素A缺乏症

22.1　概述

维生素 A 缺乏症是由维生素 A 或其前体（胡萝卜

素）缺乏或不足所引起的一种营养代谢疾病。临床上以生长缓慢、上皮角化、夜盲症、繁殖机能障碍以及机体免疫力下降为特征。在水禽中以幼禽多见。

22.2　病因

22.2.1　饲料中缺乏营养物质

饲料中缺乏维生素A或胡萝卜素。

22.2.2　方式不当对维生素A的破坏

饲料加工不当（如混合时间过久等）或保存不当（如长时间被太阳光照射等），使得饲料中的维生素A被破坏。

22.2.3　疾病对维生素A的影响

某些疾病影响维生素A的吸收和储存，如慢性胃肠道疾病、肝脏疾病等。

22.3　临床表现

各种日龄水禽均可发生，但多发生于快速生长期和产蛋期水禽。在幼禽主要表现精神萎靡，生长停滞，步态蹒跚，甚至瘫痪。病鸭流泪，眼内聚集黄白色干酪样物质，视力降低，严重时可见眼圈周围羽毛粘连而造成失明（图3-113、视频3-22）。在产蛋鸭或产蛋鹅除出现眼睛病变外，还有产蛋率下降、种蛋受精率和孵化率下降、弱雏增加等临床症状。

视频3-22

（扫码观看：维生素A缺乏症，病鸭上下眼睑粘连）

图3-113　眼圈周围羽毛粘连造成失明（江斌 供图）

190

22.4 剖检变化

口腔、食道、嗉囊黏膜会出现白色小脓疱或一层黄白色的伪膜附着（图3-114）。上呼吸道黏膜肿胀，鼻腔和眼内有干酪样物质阻塞。肾小管和输尿管有白色尿酸盐沉积。

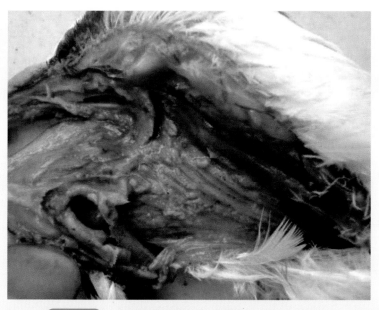

图3-114　食道黏膜有黄白色伪膜附着（江斌 供图）

22.5　诊断

根据临床表现、剖检变化以及结合缺乏维生素A病史，可做出初步诊断。必要时可采用添加维生素A进行治疗性诊断或对饲料中维生素A含量进行测定来诊断。

22.6　防治

平时要注意维生素A或胡萝卜素饲料的供应，防止饲料加工与保存过程中维生素A被氧化破坏。有肝脏疾病或消化道疾病时要及时诊治，以保证维生素A的正常吸收、利用和储藏。

发病时要及时补充维生素A和胡萝卜素。具体来说，每千克饲料中补充5000个单位维生素A或补充浓缩鱼肝脏油（按说明使用）。对个别病禽可肌内注射维生素A注射液。对有眼部病变的病禽可使用3%硼酸溶液局部冲洗后，再涂以眼药水进行治疗。

23　维生素B₁缺乏症

23.1　概述

维生素B₁缺乏症是由于体内硫胺素缺乏或不足所引起的一种以神经机能障碍为主要特征的营养代谢病。本病在水禽时有发生。

23.2　病因

长期饲喂缺乏维生素B₁的饲料（如精磨稻米）或饲料中维生素B₁受到霉变、加热或碱性物质等因素破坏失效而产生维生素B₁缺乏症。

23.3　临床表现

精神沉郁，食欲下降，生长发育不良，步态不稳，常以跗关节着地，行走时身体失去平衡。有时头向一侧偏或打转，有时抬头呈"观星"姿势（图3-115）。

本病发作突然，一天可发作多次，病情一次比一次严重，最后全身抽搐，造成瘫痪、倒地而死。产蛋水禽和种禽出现维生素B_1缺乏症时病程较长，主要表现消瘦，产蛋率和孵化率下降，孵出的雏水禽也会出现脑神经症状。

图3-115　头后仰呈"观星"状（江斌 供图）

23.4　剖检变化

无特征性病理变化。有时可见皮下水肿，胃肠黏膜轻度炎症，多发性神经炎，心肌萎缩以及肾上腺肥大等病变。

23.5　诊断

根据本病的病史、临床表现可做出初步诊断。此外可采用治疗性诊断：口服或肌内注射维生素B_1注射液后，病鸭的神经症状迅速消失。在临床上本病还要与H5亚型禽流感、传染性浆膜炎、地美硝唑中毒等进行区别诊断。

23.6　防治

发病时应增加饲料中维生素B_1的含量（按每50千克饲料添加维生素B_1 1～2克，连用7～10天）。此外也可按比例口服复合维生素B制剂。对个别病禽可口服维生素B_1片（按每千克体重内服2～5毫克）或肌内注射维生素B_1注射液（按每千克体重注射1～2毫克）进行治疗，有一定效果。

24　啄癖症

24.1　概述

鸭、鹅啄癖症是指由多种原因引起的鸭和鹅的一种异常行为，以采食正常食物以外的物质为特征，临床上以啄羽、啄肛、啄蛋较为常见，也称为异嗜癖。

24.2　病因

引起鸭、鹅啄癖症的原因有多方面，主要为以下几种。

24.2.1　饲料因素

饲料不能提供水禽所需的营养物质和微量元素，导致鸭、鹅的啄癖症。比如饲料中蛋白质缺乏，特别是含硫氨基酸（如蛋氨酸）缺乏；钙、磷、锌、锰等矿物质元素缺乏或比例不协调；食盐缺乏；维生素含量不足等。

24.2.2　管理因素

饲养密度过大，运动场所太少，禽舍的光线太强，或没有及时捡蛋等饲养管理不当的，也常导致啄癖症。

24.2.3　寄生虫因素

体表的寄生虫寄生时，局部发痒，可能导致啄癖症；体内寄生虫特别是肠道寄生虫如蛔虫、绦虫等寄生时吸取了大量的营养物质，导致机体缺乏营养和微量元素，也是引起啄癖症的重要原因之一。

24.2.4　其他因素

换羽时，鸭、鹅常自食或互相啄食羽毛，个别鸭、鹅即养成啄羽恶习；产蛋鸭、鹅在产蛋高峰期或产蛋后期，由于肛门括约肌松弛，产蛋后不能及时收缩而导致其他鸭、鹅啄食，久而久之养成啄肛恶习。

24.3　临床表现

临床表现为鸭、鹅啄羽、啄肛和啄蛋等。啄羽常发生在换羽期，可见不同个体的水禽相互啄食彼此的羽毛，有时也啄食自身的羽毛或已脱落在地上的羽毛，造成水禽背部或尾根的羽毛稀疏或残缺不齐（图3-116），皮肤出现充血、出血或形成痂皮，严重者被多只水禽啄食而致局部出血甚至死亡。啄肛常发生在产蛋中后期，个别鸭和鹅的肛门被啄食，导致出血，吸引更多的个体啄食，严重者肠道被啄出体外，导致死亡。啄蛋常发生在产蛋高峰期，个别鸭、鹅产蛋后将蛋啄食，久而久之养成恶习。

图3-116　背部羽毛被啄食（江斌　供图）

24.4　预防

　　加强饲养管理是预防本病的关键。在饲料方面，要严格按照不同生长时期的营养要求进行科学配方，特别要保证饲料中多种维生素、含硫氨基酸、食盐、矿物质的含量达标。在管理方面，当水禽饲养到20～30日龄时，可根据实际情况进行人工断喙，同时要降低饲养密度，保证养殖群有一定的活动场所。若发现水禽有体外或体内寄生虫，要及时治疗。

24.5　治疗

　　日龄较小的水禽出现啄癖时，可采取断喙处理，同时在饲料中添加1.5%～2%的石膏粉，连用7天；或添加2%的食盐，连用3～4天（但不能长期使用，否则会发生中毒）。此外，在饲料中多添加一些蛋白质、蛋氨酸、多种维生素对本病也有一定的辅助治疗效果。对于啄癖造成外伤的水禽要及时挑出，并用甲紫或硫酸庆大霉素涂擦患处进行局部处理。

25 产蛋异常综合征

25.1 概述

产蛋异常综合征是指产蛋水禽在产蛋期间，产的蛋出现数量不等的软壳蛋、粗壳蛋、无壳蛋、畸形蛋等异常现象，影响蛋的品质和销售。本病在产蛋水禽比较常见，特别是在蛋鸭场，常造成较大的经济损失。

25.2 病因

病因是多方面的，概括来说，主要有以下3个方面。

25.2.1 饲料因素

饲料中多种维生素、鱼粉、蛋白质或其他原料品质不良、饲料配方搭配不合理（如钙、磷比例不恰当）、饲料中加入味道较苦的兽药等，均可引起产蛋异常。

25.2.2 管理因素

遇到不良应激（如天气突变、转场、打针、老鼠惊扰等）会不同程度地导致产蛋率和蛋品质下降。

25.2.3 传染病因素

如水禽感染致病性大肠杆菌、H5亚型禽流感、产蛋下降综合征、坦布苏病毒病等，均可出现不同程度的产蛋率下降和产蛋异常。

25.3 临床表现

饲料因素和饲养管理因素导致的产蛋异常，鸭群或鹅群一般无死亡现象，产蛋率的下降幅度大多较小，蛋的外壳粗糙，蛋的形状不规则，出现各种畸形（图3-117）。找出原因进行针对性处理后，产蛋率和蛋的品质可逐渐恢复正常。产蛋水禽群一般采用放养的饲养方式，接触外界各种不利因素的机会较多，抵抗力相对较强，感染普通传染病（烈性传染病如禽流感除外）时常不表现典型的症状，而表现产蛋率不同程度的下降，维持的时间、恢复的时间也不尽相同，禽群常有不同程度的咳嗽、采食下降、粪便异常等现象，每天都会有一些产蛋鸭或鹅出现脱肛现象（图3-118）。

图3-117　畸形蛋、粗壳蛋（江斌 供图）

图3-118　脱肛（江斌 供图）

25.4　剖检变化

饲料因素、饲养管理不良等导致的产蛋异常，一般无明显的解剖病变。而由普通传染病因素造成产蛋异常的死亡病例，剖检变化集中于生殖系统，不同的疾病，病变的程度有所不同。主要表现为卵泡充血、出血，有时卵泡萎缩变性，有时卵泡破裂于腹腔中形成卵黄性腹膜炎；输卵管黏膜出血或水肿，有时在输卵管中附有大量黏液性或堆积一些变性的蛋黄凝乳块，有些病例在输卵管下端或子宫内可见水袋样的积液（实际为蛋清）；肛门口出现炎症坏死。

25.5　诊断

对于饲料因素、饲养管理因素造成的产蛋异常，只要调整相应措施即可恢复正常产蛋，易于诊断；而对传染性因素造成的产蛋异常，可依据临床表现、剖检变化做出初步诊断，并结合化验室进行病原确诊。

25.6　防治

加强饲养管理，特别强调要保证饲料中多种维生素、鱼粉、氨基酸、蛋白质的质量，并注意各营养物质含量之间的均衡。保持养殖舍安静，尽量减少各种不良应激。此外，最重要的是做好相关传染病的疫苗（如H5亚型禽流感病毒疫苗、坦布苏病毒病疫苗等）免疫接种工作。

一旦发生产蛋异常，应尽早找出病因并采取针对性的处理措施。若由于饲养管理不良引起，可在饲料中添加一些多种维生素或鱼肝油粉，在短期内可明显改善蛋品质和产蛋率。若由于H5亚型禽流感、产蛋下降综合征、坦布苏病毒病等传染病因素导致的产蛋异常，可采用一些抗病毒中药（如黄连解毒散、清瘟解毒口服液等）进行治疗。

26 曲霉菌病

26.1 概述

曲霉菌病是由烟曲霉、黄曲霉、黑曲霉、青曲霉和土曲霉等多种霉菌引起的疾病，主要侵害呼吸器官，特别是肺脏和气囊，所以又称为真菌性肺炎、霉菌性肺炎。幼龄鸭、鹅感染后多呈急性经过，成年禽感染后常呈慢性经过。

26.2　流行病学

曲霉菌的孢子广泛存在于自然界中，温度和湿度合适时，很容易在垫草、器具和饲料上大量生长。不同品种不同日龄的鸭、鹅均可感染，临床中多发生于1月龄内的雏鸭和雏鹅，成年水禽多为散发，发病程度也轻。水禽本身的健康状况对该病的感染、发生、发病的严重程度、预后等至关重要。饲养管理条件差、饲养密度过大、通风不良、各种应激、疾病引起的免疫抑制等常促使本病的发生。本病主要通过呼吸道和消化道传染。发霉的孵化器可能使种蛋污染，曲霉菌的孢子可能穿过蛋壳感染胚蛋，引起胚胎死亡、弱雏增加。该病多发生于高温高湿季节。

26.3　临床表现

发病初期，病禽精神沉郁，羽毛蓬松，两翅下垂。随着病情的发展，食欲减少，生长缓慢，逐渐消瘦，呼吸困难，喘气，有的有气管啰音，张口呼吸。后期呼吸极度困难，腹泻，喙部呈暗红色或发紫，抽搐或麻痹而死。

26.4 剖检变化

病变较为特征，霉菌结节主要见于肺脏和气囊的表面和内部。肺脏表面及肺脏组织中可发现数量不等、粟粒大至黄豆大、黄白色或灰白色、质地稍柔软的结节（图3-119、图3-120、视频3-23），切开结节可见霉菌的菌丝体（图3-121）或干酪样内容物，病情相对轻且病程长的，结节因钙化而变硬。结节数量多时，肺脏组织变硬，失去弹性。气囊混浊，可能有渗出物、结节，甚至霉菌斑。除肺和气囊外，类似的结节也可能在气管、支气管、胸腹腔的浆膜面、肝脏、肾脏、心脏、皮下、肌肉、脑等处发现。

视频3-23

（扫码观看：曲霉菌病，肺脏上有多个粟粒大、黄白色、质地稍硬的结节，肾脏表面也有一个霉菌结节）

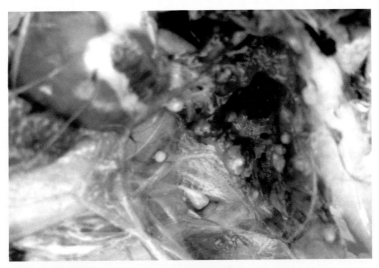

图3-119 肺脏表面及内部的霉菌结节（刘友生 供图）

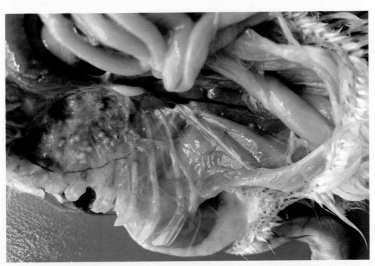

图3-120 肺脏表面的多个霉菌结节、肾脏表面的霉菌结节（程龙飞 供图）

图3-121　霉菌结节切开后见霉菌的菌丝体（刘友生 供图）

26.5　诊断

根据特征性的肺部结节、气囊结节或霉菌斑，结合不良的饲养管理条件、阴暗潮湿的禽舍、发霉的饲料或发霉的垫料等，可做出正确的诊断。

26.6　防治

预防本病的关键是不使用发霉的饲料和垫料，育雏室应注意通风换气和卫生消毒，孵化室及孵化器应严格消毒。发病后应立即查明原因并排除，淘汰病重禽，全群应用制霉菌素、克霉唑和硫酸铜等药物治疗。

参考文献

[1] 侯水生. 旱养模式对水禽养殖效益高[J]. 北方牧业，2019，8：16.

[2] 张大丙. 水禽疾病的主要流行特点[J]. 兽医导刊，2016，10：21-22.

[3] 苏敬良，黄瑜，胡薛英. 鸭病学[M]. 北京：中国农业大学出版社，2016.

[4] 刘金华，甘孟侯. 中国禽病学[M]. 北京：中国农业出版社，2016.

[5] 傅光华，程龙飞，温名根，等. 雏番鸭基因Ⅸ型禽1型副黏病毒分离鉴定及F基因序列分析[J]. 中国兽医杂志，2016，52（5）：6-9.

[6] 刘荣昌，黄瑜，卢荣辉，等. 鸭瘟病毒的分离鉴定及其UL2、TK基因序列分析[J]. 福建农业学报，2016，31（12）：1257-1261.

[7] 傅光华，陈翠腾，温名根，等. 我国部分地区鸭1型甲肝病毒流行株遗传变异分析[J]. 福建农业学报，2018，33（2）：109-113.

[8] 朱峰伟，朱新产. 鹅细小病毒基因组与致病机制研究进展[J]. 中国兽医杂志，2013，49（11）：48-51.

[9] 刘荣昌，黄瑜，卢荣辉，等. "短喙侏儒综合征"半番鸭病原学检测及病理组织学特征[J]. 中国兽医学报，2018，38（1）：51-58.

[10] 陈仕龙，陈少莺，林锋强，等. 两株不同疾病型鸭呼肠孤病毒部分生物学特性的比较[J]. 福建农业学报，2013，28（1）：1-4.

[11] 程龙飞，刘荣昌，傅光华，等. 鸭3型腺病毒的分离鉴定及其*fiber*基因分析[J]. 中国家禽，2019，41（11）：47-50.

[12] 张蕊，傅光华，傅秋玲，等. 一株樱桃谷种鸭胚源鸭3型星状病毒分离鉴定与序列分析[J]. 中国家禽，2018（21）：66-68.

[13] 万春和，施少华，程龙飞，等. 一种引起种（蛋）

鸭产蛋骤降新病毒的分离与初步鉴定[J]. 福建农业学报，2010，25（6）：663-666.

[14] 傅秋玲，黄瑜，程龙飞，等. 不同养殖模式蛋鸭疫病的检测与分析[J]. 中国兽医杂志，2017，53（3）：6-9.

[15] 黄瑜，卢立志，傅光华，等. 当前我国南方养鸭生产中存在的问题与疫病防控措施[J]. 中国兽医杂志，2017，53（8）：98-102.

[16] 黄兵，沈杰. 中国畜禽寄生虫形态分类图谱[M]. 北京：中国农业科学技术出版社，2006.

[17] 江斌，吴胜会，林琳，等. 畜禽寄生虫病诊治图谱[M]. 福州：福建科学技术出版社，2012.

[18] 孔繁瑶. 家畜寄生虫学[M]. 北京：中国农业大学出版社，1997.

[19] 姚倩，韩红玉，黄兵，等. 上海地区家鸭球虫种类初步调查[J]. 中国动物传染病学报，2009，17（1）：58-60.

[20] 林琳，江斌，吴胜会，等. 杯叶吸虫属一新种——盲肠杯叶吸虫（*Cyathocotyle caecumalis* sp.nov）

研究初报 [J]. 福建农业学报，2011，26（2）：184-188.

[21] 陈克强，李莎. 上海地区家禽羽虱种类记述 [J]. 中国兽医寄生虫病，2005，13（1）：10-12.

[22] 王桂芬，陈宗刚. 现代养鸭疫病防治手册 [M]. 北京：科学技术文献出版社，2012.